工业和信息化普通高等教育"十二五"规划教材立项项目

21世纪高等学校计算机规划教材

数据库技术及应用

（Access）（第2版）

Database technology and
Applications (Access)

■ 马桂芳　主编
■ 赵秀梅　副主编

高校系列

人 民 邮 电 出 版 社

北 京

图书在版编目（CIP）数据

数据库技术及应用：Access / 马桂芳主编. -- 2版
. -- 北京：人民邮电出版社，2016.1（2019.1重印）
21世纪高等学校计算机规划教材. 高校系列
ISBN 978-7-115-40846-4

Ⅰ. ①数… Ⅱ. ①马… Ⅲ. ①关系数据库系统—高等
学校—教材 Ⅳ. ①TP311.138

中国版本图书馆CIP数据核字(2015)第257277号

内 容 提 要

本书介绍 Access 数据库的基础知识和基本操作方法，共分 9 章：数据库基础知识、数据库和表、查询、关系数据库标准语言 SQL、窗体、报表、宏、数据库的安全管理，以及实例开发——图书管理系统。

本书内容丰富，结构完整，概念清楚，深入浅出，通俗易懂，有大量的实例以方便读者上机实践，并配有配套的实验教材。

本书适合作为高等院校各专业计算机公共基础课程数据库方面的教材，还可作为计算机等级考试的培训教材及自学人员的用书。

♦ 主　编　马桂芳
　　副 主 编　赵秀梅
　　责任编辑　王亚娜
　　责任印制　焦志炜

♦ 人民邮电出版社出版发行　北京市丰台区成寿寺路 11 号
　　邮编　100164　电子邮件　315@ptpress.com.cn
　　网址　http://www.ptpress.com.cn
　　固安县铭成印刷有限公司印刷

♦ 开本：787×1092　1/16
　　印张：15.5　　　　　　　2016 年 1 月第 2 版
　　字数：403 千字　　　　 2019 年 1 月河北第 6 次印刷

定价：38.00 元

读者服务热线：**(010)81055256**　印装质量热线：**(010)81055316**
反盗版热线：**(010)81055315**

前　言

本书是按照教育部高等教育司组织制订的《大学计算机教学基本要求》中计算机大公共课程有关数据库的教学基本要求编写的。

2013年，我们结合 Access 的教学和开发实践经验，编写了《数据库技术及应用（Access）》，比较全面、系统地介绍了 Access 2003 的主要功能和应用技术。2015年，我们根据第1版的成功经验，结合近几年的教学和开发实践积累，以 Access 2010 为平台，编写了本书。

Access 2010 数据库系统是微软公司开发的功能强大的桌面数据库管理系统。Access 是完全面向对象、采用事件驱动机制的关系型数据库系统，其使数据库的应用和开发变得更加便捷、灵活。Access 吸收了 FoxPro 关系型数据库的优点，并引入与 Visual Basic、PowerPoint 相同的操作界面和环境。这使得 Access 易学易用，也反映了数据库技术的发展动向和特点。

本书介绍 Access 数据库的基础知识和基本操作方法，共分9章。这9章构成了 Access 数据库应用技术的基本知识体系。第1章主要介绍数据库的基础知识以及 Access；第2章主要介绍数据库和表的创建、表的维护、操作以及数据完整性；第3章主要介绍查询对象、各种查询的创建方法以及编辑和使用查询的方法；第4章主要介绍关系数据库标准语言 SQL 及大量实例；第5章主要介绍窗体和窗体的创建方法、窗体中各种控件的使用方法及应用实例；第6章主要介绍报表，包括报表的创建与编辑方法、数据的排序和分组、报表的打印及应用实例等；第7章主要介绍宏的创建以及宏的运行和调试；第8章主要介绍数据库的安全管理；第9章主要介绍应用系统实例——图书管理系统的开发，包括系统分析和设计、数据库设计、各功能模块设计、数据库系统的集成等。

本书介绍数据库基本概念，并结合 Access 2010 学习数据库的建立、维护及管理，掌握数据库设计的步骤和 SQL 的使用方法。本书以应用为目的，以案例为引导，结合管理信息系统和数据库基本知识，力求避免术语的枯燥讲解和操作的简单堆砌，使学生可以参照教材提供的讲解和上机实验，较快地掌握 Access 软件的基本功能和操作，达到基本掌握小型管理信息系统建设的目的。

本书内容丰富，结构完整，概念清楚，深入浅出，通俗易懂，有大量的实例以方便读者上机实践，并配有配套的实验教材。本书适合作为高等院校各专业计算机公共基础课程数据库方面的教材，还可作为计算机等级考试的培训教材及自学人员的用书。

本书由马桂芳组织编写，马桂芳任主编，赵秀梅任副主编。本书第1章由马桂芳编写，第2章由赵秀梅编写，第3章由冯若冰编写，第4章由李静雅编写，第5章由李慧玲编写，第6章由陈鑫编写，第7章由李艳玲编写，第8章由陕粉丽编写，第9章由何苑编写。全书由马桂芳统稿，由马桂芳和赵秀梅审定。

编　者
2015 年 8 月

目　录

第1章
数据库基础

数据库是 20 世纪 60 年代后期发展起来的一种数据管理的最新技术。在当今信息社会中，信息资源成为各个部门的重要财富与资源。因此，作为信息系统核心的数据库技术得到了越来越广泛的应用，其应用范围从一般企业管理到管理信息系统、专家系统、情报检索、计算机辅助设计与制造、人工智能、电子商务、电子政务等，越来越多的领域采用数据库技术来存储和处理信息资源。

本章介绍数据库的基本概念、关系数据库的基本知识、数据库设计步骤和原则，还对 Access 2010 的开发环境做了简要介绍。本章是后续章节的准备和基础。

1.1　数据库概述

在学习数据库技术前，我们首先要了解一些与数据库技术密切相关的几个基本概念：数据、数据处理、数据库、数据库管理系统、数据库系统、数据模型。

1.1.1　数据与数据处理

1. 相关概念

（1）数据

数据是存储在数据库中的基本对象，是人们用于描述客观事物的符号记录。数字是最常见的数据，如 93、￥729 等。

其实，数据有多种表现形式。描述事物的符号，比如数字、文字、声音、图像、音频、视频等，都是数据。它们经过数字化处理后存入计算机。

（2）信息

信息是经过加工处理的具有一定含义的数据，是对决策者有价值的数据。

信息和数据既有联系，又有区别。一方面，数据是信息的表现形式，是信息的载体；信息是有用的数据，是数据的内涵。另一方面，信息不随表示它的数据形式而改变，是反映客观现实世界的数据；而数据则有任意性，用不同的数据形式可以表示同样的信息。例如，一个城市的天气预报情况是一条信息，而描述信息的数据形式可以是文字、图像或声音等。

（3）数据处理

数据库技术是数据管理的最新技术，而数据管理是数据处理的核心问题。数据处理就是把数据转换成信息的过程，包括对数据的收集、存储、分类、计算、加工、检索、传播等一系列活动。

数据处理的目的之一是从大量原始的数据中抽取、推导出对人们有价值的信息以作为行动和决策的依据；目的之二是借助计算机科学地保存和管理复杂的大量数据，以便人们能方便且充分地利用这些宝贵的信息资源。

例如，全体学生的各科考试成绩（属于原始数据）记录了考生的考试情况，对考试成绩分班统计（属于数据处理），可以将统计结果（属于信息）作为任课教师教学水平评价的依据之一。

2. 数据管理技术的产生和发展

在应用需求的推动下，随着计算机硬件、软件技术的发展，数据管理技术经历了3个阶段，分别为人工管理阶段、文件系统阶段、数据库系统阶段。

（1）人工管理阶段

20世纪50年代以前，计算机主要用于科学计算。因为数据量少，所以一般无须长期保存数据。当时，在硬件上，没有磁盘等直接存取的外存设备；在软件上，没有操作系统，没有进行数据管理的专门软件。因此，当时的数据由程序员进行人工管理。

人工管理阶段的特点如下。

① 数据与处理数据的程序密切相关，彼此不独立。每个应用程序都包括数据的存储结构、存取方法、输入/输出方式等。存储结构改变时，应用程序需要做相应调整，程序与数据之间相互依赖，不独立。

② 数据不保存。计算机主要用于科学计算，一般不需要保存数据。计算机将数据输入，计算后将结果输出。

③ 数据不共享。程序中要用到的数据被直接写在程序代码里，一组数据对应一个程序，数据是面向程序的，如图1-1所示。

（2）文件系统阶段

20世纪50年代后期到20世纪60年代中期，计算机的应用范围逐渐扩大，大量地应用于管理中。这时，硬件方面出现了直接存取的大容量外存设备，如磁盘等；软件方面出现了专门的数据管理软件——操作系统，处理方式上不仅有了文件批处理，而且能够联机实时处理。从此，进入了文件系统管理阶段。

文件系统阶段的特点如下。

① 数据可以长期保存。数据可以存放在外存设备（如磁盘）上。

② 由文件系统管理数据。数据的管理由文件系统负责，程序和数据之间由软件提供的存取方法进行转化。

文件系统仍存在的缺点如下。

① 数据共享性差，冗余度高。在文件系统中，一个文件基本上对应一个应用程序，即文件仍然是面向应用的，如图1-2所示。

图1-1　人工管理阶段程序和数据之间的对应关系

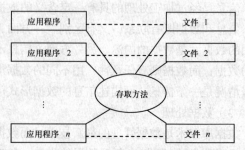

图1-2　文件系统阶段程序和数据之间的对应关系

② 数据独立性差。虽然文件系统进行文件的存取管理，但是应用程序依赖于文件的存储结构，修改文件存储结构就要修改程序，应用程序与数据之间独立性差。数据的物理表示方式和有关的存取技术在应用程序中要加以考虑和体现。

（3）数据库系统阶段

20 世纪 60 年代后期，计算机管理的对象规模更加庞大，应用范围越来越广，数据量急剧增长，对数据共享的要求越来越强烈。这时，硬件已有大容量磁盘，且硬件价格下降，软件价格上升。在这种背景下，出现了数据库管理系统。

采用数据库来管理数据的诸多优点如下。

① 实现了数据共享，减少了数据冗余。多个应用程序可以共享同一个数据库中的数据。

② 数据独立性强。数据的管理由数据库管理系统来完成。当数据的存储结构和存取方法发生变化时，应用程序无须修改，实现了数据独立性。应用程序与数据库之间的关系如图 1-3 所示。

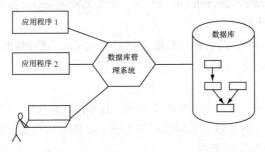

图 1-3 应用程序与数据库的关系

1.1.2 数据库系统

数据库系统是指在计算机系统中引入数据库后的系统，一般由数据库、数据库管理系统及其开发工具、应用系统、数据库管理员构成，如图 1-4 所示。

1. 数据库

数据库（DataBase，DB）可以通俗地理解为存放数据的仓库。严格地讲，数据库是按照特定的组织方式长期储存在计算机内的可共享的数据集合。

例如，学校学生成绩管理数据库中有组织地存放了学生的基本情况、课程情况、学生成绩情况、授课教师情况等内容，可供教务处、班主任、任课教师和学生共同使用。

数据库中的数据具有较低的冗余度、较强的数据独立性和易扩展性，并可为各种用户共享。

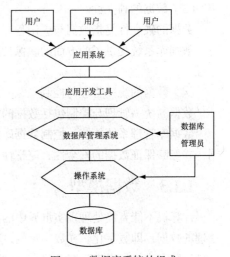

图 1-4 数据库系统的组成

2. 数据库管理系统

数据库管理系统（DataBase Management System，DBMS）是位于用户与操作系统之间的数据管理软件，帮助用户建立、使用和管理数据库。

数据库管理系统是系统软件，主要功能包括以下几个方面。

（1）数据定义功能

DBMS 提供数据定义语言（Data Definition Language，DDL），可被用来对数据库中的数据对象进行定义，如对数据库、表、索引进行定义。

（2）数据操纵功能

DBMS 提供数据操纵语言（Data Manipulation Language，DML），可被用来实现对数据库的基本操作，如对表中数据的查询、插入、删除和修改等操作。

（3）数据控制功能

DBMS 提供数据控制语言（Data Control Language，DCL），可被用来实现对数据库的安全性和完整性控制，实现并发控制和故障恢复。

（4）数据库的建立和维护功能

数据库的建立和维护功能包括数据库初始数据的输入、转换功能，数据库的转储、恢复功能，数据库重新组织功能，性能监视、分析功能等。

3. 数据库管理员

数据库管理员（DataBase Administrator，DBA）是负责全面控制和管理数据库系统的工作人员。

4. 数据库系统的基本特点

数据库系统始于文件系统，两者都以数据文件的形式组织数据。数据库系统由于引入了 DBMS 管理，与文件系统相比具有以下特点。

（1）数据的结构化

数据的结构化是数据库与文件系统的根本区别。在数据库系统中，数据是面向整体的，不但数据内部组织有一定的结构，而且数据之间的联系也按一定的结构描述出来，所以数据整体结构化。

（2）数据的高共享性与低冗余性

数据库系统从整体角度看待和描述数据，数据不再面向某个应用，而是面向整个系统。同一组信息，可以被多个应用程序共享使用。这样既可以大大减少数据冗余，节约存储空间，又能够避免数据之间的不相容性和不一致性。

（3）数据的独立性

数据的独立性是指数据与应用程序之间彼此独立，不存在相互依赖的关系。

数据库系统提供了两方面的映像功能，使得程序与数据库中的逻辑结构和物理结构有高度独立性。

（4）数据的统一管理与控制

数据的统一管理与控制包括数据的完整性检查、安全性检查和并发控制等三方面。

数据库管理系统能统一控制数据库的建立、运用和维护，使用户能方便地定义数据和操作数据，并能够保证数据的安全性、完整性、多用户对数据的并发使用及发生故障后的系统恢复。

1.1.3　数据模型

计算机不能直接处理现实世界中的具体事物，所以人们需要先把具体事物转换成计算机能够处理的数据，即数字化。在数字化的过程中，人们常常先将现实世界抽象为信息世界，然后将信息世界转换为机器世界。

数据模型是对现实世界数据特征的抽象，是用来描述数据、组织数据和对数据进行操作的。

根据数据模型应用目的的不同，可以把数据模型分为两类：一类是概念模型，另一类是逻辑模型。

概念模型是按照用户的观点对数据和信息建模，主要用于数据库设计。

逻辑模型是按计算机系统的观点对数据建模，主要用于 DBMS 的实现。

1. 概念模型

概念模型是用于信息世界的建模，是数据库设计人员进行数据库设计的有力工具，也是数据库设计人员和用户之间交流的语言。

信息世界中涉及的概念有实体、属性、联系等。

（1）实体

客观存在并可相互区别的事物称为实体，如一门课程、一个学生。具有相同属性的实体必然具有相同的特征和性质，用实体名及其属性名集合来抽象和刻画同类实体。实体不仅可以指实际的物体，还可以指抽象的事件，如一次借书、一次奖励等。

（2）属性

一个实体具有很多特征，实体具有的某一特征称为属性。例如，学生的属性有学号、姓名、性别等。每个属性可以取不同的值，这些值称为属性值。每一个属性都有一个名字，这个名字称为属性名。

（3）实体间的联系

现实世界中事物之间有联系，这些联系在信息世界被称为实体之间的联系。实体之间的联系分为如下 3 种。

① 一对一联系（1:1）

如果对于实体集 A 中的每一个实体，实体集 B 中至多有一个实体与之联系，反之亦然，则称实体集 A 与实体集 B 具有一对一联系，记为 1:1。例如，一个班级只有一个学生当班长，一个学生只能在一个班级当班长，则班级和班长之间就是一对一的联系。

② 一对多联系（1:n）

如果对于实体集 A 中的每一个实体，实体集 B 中有多个实体与之联系，反之，对于实体集 B 中的每一个实体，实体集 A 中至多只有一个实体与之联系，则称实体集 A 与实体集 B 有一对多联系，记为 1:n。例如，每个班级有多个学生，每个学生只属于一个班级，则班级与学生之间就是一对多的联系。

③ 多对多联系（m:n）

如果对于实体集 A 中的每一个实体，实体集 B 中有多个实体与之联系，反之，对于实体集 B 中的每一个实体，实体集 A 中也有多个实体与之联系，则称实体集 A 与实体集 B 有多对多联系，记为 m:n。例如，一个学生可以选修多门课程，每门课程可以有多个学生选修，则课程与学生之间就是多对多的联系。

（4）实体—联系图

表示概念模型的工具有很多，最常用的是实体—联系图（E-R 图）。它用图形方式描述实体、实体的属性及实体之间的联系，与计算机系统无关。

① 实体：用矩形表示，矩形框内写明实体名。

② 属性：用椭圆表示，并用直线将其与相应的实体连接起来。

③ 联系：用菱形表示，菱形框内写联系名，并用直线将其分别与有关的实体连接起来，同时在直线旁标上联系的类型。此外，如果联系有属性，则这些属性也要用直线与该联系连接起来。

例如，图 1-5 表示了学生与课程之间的多对多联系。

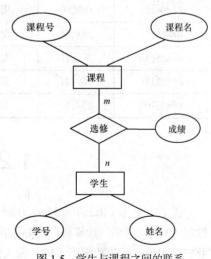

图 1-5　学生与课程之间的联系

2. 逻辑模型

目前，数据库领域中常用的逻辑数据模型有层次模型、网状模型、关系模型等。

（1）层次模型

层次模型是最早出现的逻辑模型，用树形结构来表示各类实体以及实体间的联系。例如，可用层次模型描述一个机构的组织情况，如图 1-6 所示。

（2）网状模型

网状模型用网状结构表示实体以及实体之间的联系。网状模型能够更直接地描述现实世界，但结构复杂，如图 1-7 所示。

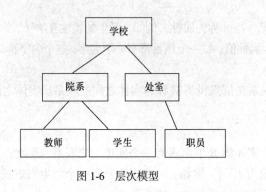

图 1-6　层次模型

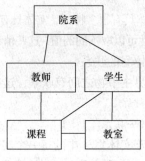

图 1-7　网状模型

（3）关系模型

关系模型是目前最重要、应用最广泛的一种逻辑模型。关系模型通过二维表来描述实体以及实体间的联系。例如，表 1-1 描述了学生实体及学生实体与班级实体之间的联系。

表 1-1　关系模型

学号	姓名	性别	班级	籍贯	政治面貌
07403116	刘飞	男	英语 0701	山西	团员
07403118	马鹏伟	男	英语 0701	山西	团员
08406101	白华	女	历史 0801	陕西	团员
08406117	令狐明	男	历史 0801	云南	群众
08405118	刘欢亚	女	中文 0801	四川	团员
08405130	王乐君	女	中文 0801	新疆	团员
08402144	郑乔嘉	男	经济 0801	辽宁	群众
09403107	郭艳芹	女	英语 0901	河南	团员

1.2　关系数据库

关系数据库（Relational DataBase，RDB）是采用关系模型作为数据的组织方式的数据库。20 世纪 80 年代以来，计算机厂商新推出的 DBMS 几乎都支持关系模型。关系数据库系统成为最重要、应用最广泛的数据库系统，大大促进了数据应用领域的扩大和深入。

1.2.1　关系模型

关系模型建立在严格数学概念基础上。关系模型用二维表来表示实体及实体之间的联系。关系模型包含 3 个要素，分别为关系数据结构、关系操作和关系完整性约束。

1. 关系术语

（1）关系：关系在逻辑结构上就是一张二维表，每个关系都有一个关系名，即表名。

（2）关系模式：对关系的描述称为关系模式。一个关系模式对应一个关系的结构，其格式如下：

关系名（属性名 1，属性名 2，…，属性名 n）

如学生关系对应的关系模式可以表示如下：

学生（学号，姓名，出生日期，政治面貌）

（3）元组：二维表中的每一行称为一个元组或记录。

（4）属性：二维表中的每一列称为一个属性，也称为字段。例如，学生关系中的学号、姓名等都称为字段。

（5）域：属性的取值范围称为域，也称为值域。例如，成绩只能取 0 到 100 之间的数。

（6）候选关键字：能够唯一标识一个元组的属性或属性组合称为候选关键字。例如，学生表中的学号、身份证号都能唯一标识学生，因此这两个字段都是候选关键字；成绩表中的候选关键字是（学号，课程号），是属性组合。

（7）主关键字：从候选关键字中选取其中一个作为主关键字，简称主键。一个关系可以有多个候选关键字，但是只能有一个主键。主键一定是候选关键字。

（8）外部关键字：如果表 A 中的一个字段不是表 A 的主关键字或候选关键字，而是另外一个表的主关键字或候选关键字，则这个字段就是表 A 的外部关键字，简称外键。例如，成绩关系模式成绩（学号，课程号，成绩），其中，"学号"不是成绩表的主键，而是学生表的主键，因此，"学号"是成绩表的外键。

（9）关系数据库：采用关系模型的数据库称为关系数据库。一个关系数据库通常包含若干个关系，一个关系就是一张二维表。典型的关系数据库管理系统有大型产品 DB2、Oracle、Sybase、SQL Server、Informix 和桌面型产品 Access、Visual FoxPro 等。

2. 关系的特点

关系必须具有以下特点。

（1）每一列中的数据都是同一类型的数据，来自同一个域。

（2）不同的列可以来自同一个域，每一列为一个属性，不同的属性要给予不同的属性名。

（3）列的次序可以任意交换，但要整列交换。

（4）行的次序可以任意交换，但要整行交换。

（5）任意两行元组不能完全相同。

（6）每一个属性都是不可再分的最小数据项，即表中不能再包含表。

1.2.2　关系运算

在关系数据库中查询用户所需数据时，要对关系进行一定的关系运算。

关系运算主要分为两大类，即传统的集合运算和专门的关系运算。传统的集合运算包括并、交、差等运算。专门的关系运算包括选择、投影、连接等运算。

1. 传统的集合运算

设关系 R 和关系 S 具有相同的 n 个属性，且相应的属性来自同一个域。例如，有表 1-2 所示的"学生表 A"和表 1-3 所示的"学生表 B"。下面以这两个表为例说明集合运算。

表 1-2　学生表 A

学号	姓名	性别
07403116	刘飞	男
07403118	马鹏伟	男
08406101	白华	女

表 1-3　学生表 B

学号	姓名	性别
07403116	刘飞	男
07403118	马鹏伟	男
09403107	郭艳芹	女

（1）并

关系 R 和关系 S 的并运算由属于 R 和属于 S 的所有元组组成，完全相同的元组只保留一个，记为 $R \cup S$。学生表 A ∪ 学生表 B 的结果如表 1-4 所示。

（2）交

关系 R 和关系 S 的交运算由既属于 R 又属于 S 的元组组成，记为 $R \cap S$。学生表 A ∩ 学生表 B 的结果如表 1-5 所示。

（3）差

关系 R 和关系 S 的差运算由属于 R 但不属于 S 的元组组成，记为 $R-S$。学生表 A-学生表 B 的结果如表 1-6 所示。

表 1-4　学生表 A ∪ 学生表 B

学号	姓名	性别
07403116	刘飞	男
07403118	马鹏伟	男
08406101	白华	女
09403107	郭艳芹	女

表 1-5　学生表 A ∩ 学生表 B

学号	姓名	性别
07403116	刘飞	男
07403118	马鹏伟	男

表 1-6　学生表 A － 学生表 B

学号	姓名	性别
08406101	白华	女

2. 专门的关系运算

在介绍专门的关系运算之前，先给出"学生管理"数据库，库中有 3 个关系，其中，"学生"关系如表 1-7 所示，"成绩"关系如表 1-8 所示，"课程"关系如表 1-9 所示。

下面以这 3 个关系为例对关系运算进行说明。

（1）选择

选择是从一个关系中找出满足给定条件的元组的操作。以逻辑表达式指定选择条件，选择运算将选取使逻辑表达式为真的所有元组。

表 1-7　"学生"关系

学号	姓名	性别	班级	籍贯
07403116	刘飞	男	英语 0701	山西
07403118	马鹏伟	男	英语 0701	山西
08406101	白华	女	历史 0801	陕西
08406117	令狐明	男	历史 0801	云南
08405118	刘欢亚	女	中文 0801	四川

表 1-8　"成绩"关系

学号	课程号	成绩
07403116	01	96
07403118	01	94
08406101	01	81
07403116	02	75
07403116	03	86

表 1-9　"课程"关系

课程号	课程名	学分	学时
01	计算机应用基础 I	3	64
02	体育	4	68
03	大学英语 I	4	68
04	大学语文	3	51

选择运算的结果构成关系的一个子集，是关系中的部分元组，其关系模式不变。选择操作是从行的角度运算的。

例 1-1　从"学生"关系中选取所有女生信息，运算结果如表 1-10 所示。

表 1-10　选择运算的结果

学号	姓名	性别	班级	籍贯
08406101	白华	女	历史 0801	陕西
08405118	刘欢亚	女	中文 0801	四川

（2）投影

投影运算是从关系中选取若干个属性的操作。它是从列的角度运算的。投影运算结果构成一个新的关系。

例 1-2　从"学生"关系中选取所有学生的学号和姓名，运算结果如表 1-11 所示。

（3）连接

连接是将两个二维表格中的若干列按指定条件拼接成一个新的关系（二维表）的操作。常用的连接操作是等值连接和自然连接。等值连接操作的连接条件是两个关系的连接字段的值相等，自然连接操作除了等值连接外，还要取消重复列。所以，自然连接是同时从行和列的角度运算的。

例 1-3　选取所有学生的学号、姓名和学习的课程号及该门课程的成绩，运算结果如表 1-12 所示。

表 1-11　投影运算的结果

学号	姓名
07403116	刘飞
07403118	马鹏伟
08406101	白华
08406117	令狐明
08405118	刘欢亚

表 1-12　连接运算的结果

学号	姓名	课程号	成绩
07403116	刘飞	01	96
07403118	马鹏伟	01	94
08406101	白华	01	81
07403116	刘飞	02	75
07403116	刘飞	03	86

1.2.3　关系的完整性约束

关系的完整性约束是对关系的某些约束条件，是为了保证数据库中数据的正确性和相容性而制定的规则。关系完整性约束可以防止数据库中存在不符合语义的数据，限制错误的或不合法的数据输入数据库中。关系的完整性约束有三类，即实体完整性、参照完整性和用户自定义完整性，其中，实体完整性和参照完整性是关系模型必须满足的完整性约束条件。

1. 实体完整性

在关系模型中，实体完整性是通过设置主键实现的。

实体完整性规则要求关系中记录的关键字不能为空，不同元组的关键字值不能相同。例如，"学生"关系中"学号"为关键字，则"学号"字段不能为空，且"学生"关系中的每一行元组的"学号"不能相同。

2. 参照完整性

在关系模型中，参照完整性是通过设置外键实现的，而外键的设置是通过在有关联的两个表之间建立关系实现的。

参照完整性规则实现了关系之间的联系，即二维表之间的联系。现实世界中实体之间往往存在某种联系，在关系模型中，关系之间自然也存在联系。

例如，在"学生成绩管理"数据库中，有关系如下。

学生（学号，姓名，性别，年龄，班级）

成绩（学号，课程号，成绩）

其中，"学号"是"学生"关系的主键；"成绩"关系中也有"学号"字段，"成绩"关系中描述的是某个学生学完某门课程后的考试成绩。因此"成绩"关系中的"学号"必然是"学生"关系中的某一个已存在的"学号"，也就是说，"成绩"关系中的"学号"要引用"学生"关系中的"学号"。这时，"成绩"关系称为参照关系，"学生"关系称为被参照关系。"学号"作为两个关系进行关联的属性，是"成绩"关系的外键。

参照完整性约束保证了数据的一致性。

3. 用户自定义完整性

用户定义完整性规则是根据应用环境的要求和实际需要而对数据提出的约束性条件。例如，对于"学生"关系中的"性别"字段，要求只能有"男"和"女"两种取值；对于"成绩"关系中的"成绩"字段，要求只能取 0～100 的值。

1.3　数据库设计基础

数据库设计是数据库应用的核心，其任务是根据用户的需求设计出性能良好的数据库。在创建数据库之前，应先对数据库进行设计。合理地设计数据库结构是保障系统高效、准确完成任务的前提。

1.3.1　数据库设计步骤

设计数据库的关键，在于明确数据的存储方式与关联方式。在各种类型的数据库管理系统中，为了能更有效、更准确地为用户提供信息，往往需要将关于不同主题的数据存放在不同的表中，Access 也是如此。

比如，一个学生成绩管理数据库，至少应该有 3 个表，第一个表用来存放学生基本情况，第二个表用来存放课程情况，第三个表用来存放学生选课及考试成绩情况（这个表建立了学生和课程的联系）。

因此，在设计数据库时，首先要把数据分解成不同相关内容的组合，再分别存放在不同的表中，然后告诉 Access 这些表相互之间是如何进行关联的。

虽然可以使用一个表来同时存储学生数据和课程数据，但这样数据的冗余度太高，而且无论是对数据库的设计者来说还是对使用者来说，在数据库的创建和管理上都将非常麻烦。

设计数据库可按以下步骤进行。

1. 需求分析

设计数据库的第一个步骤是确定新建数据库所需要完成的任务和目的。需要明确用户希望从数据库中得到什么信息，需要解决什么问题，并说明需要生成什么样的报表，要充分与用户交流，并收集当前使用的各种记录数据的表格。

2. 确定需要的表

要根据需求和输出的信息确定要创建的表，每个表应该只包含一个主题的信息，而且各表不应该包含重复的信息。

3. 确定所需要的字段

一个表包含一个主题的信息，表中的各个字段都是该主题的组成部分。

4. 定义主关键字

为了唯一确定一条记录，需要为每个表定义一个主关键字。

5. 确定表之间的联系

将数据按不同主题保存在不同的表中，并在确定主关键字后，通过外部关键字将相关的数据建立起联系。

6. 优化设计

可以在各表中加入一些数据作为例子，然后对这些例子进行操作，看是否能得到希望的结果。如果发现设计不完备，可以对设计做一些调整。

在最初的设计中，不必担心出现错误或遗漏。若在数据库设计的初始阶段出现一些错误，在Access 中是极易进行修改的。但一旦数据库中拥有了大量数据，并且被用到查询、报表、窗体，再进行修改就非常困难了。因此，在设计数据库之前，一定要做适量的测试和分析工作，排除其中错误和不合理的设计。

1.3.2 数据库设计原则

为了合理组织数据，应遵从以下基本设计原则。

（1）避免在表之间出现重复字段。

（2）表中的字段必须是原始数据和基本数据单元，尽量不要出现可计算出来的信息，如总成绩等。

（3）使用关键字和外部关键字实现数据完整性，保证数据库中数据的正确性和一致性。

（4）设计关系时，应遵从概念单一化的原则，一个关系尽量只表示一个事物。

1.3.3 数据库设计实例

下面以"学生成绩管理"应用系统为例，介绍数据库设计的一般过程。

1. 需求分析

首先考虑"为什么要建立 DB 及建立 DB 要完成的任务"。这是 DB 设计的第一步，也是 DB设计的基础。然后考虑与 DB 的最终用户进行交流，了解现行工作的处理过程，讨论应保存及怎样保存要处理的数据，要尽量收集与当前处理有关的各种数据表格。

建立"学生成绩管理"数据库的目的是为了实现成绩信息管理，包括对学生、课程、教师、成绩等相关数据进行管理。

功能方面的要求是：在"学生成绩管理"数据库中，至少存放有关学生的情况、课程的情况、授课教师的情况、学生选课及考试成绩等方面的数据；要求可以从中查询每个学生各门课程的成绩、每门课程由哪位教师负责、哪些学生选修了哪些课、各门课程的考试成绩等信息；如有可能，应尽量用表格的形式来描述这些数据。

2．确定数据库中的表

从需求分析中不一定能够找出生成这些表格结构的线索。因此，不要急于建立表，而应先进行设计。

为了能更合理地确定出 DB 应包含的表，应按下列原则对信息进行分类。

（1）每条信息只保存在一个表中。当数据发生变化的时候，只需在一处进行更新，更新效率高，同时也消除了包含不同信息的重复项的可能性。

（2）每个表应该只包含一个主题的信息，可以独立于其他主题来维护每个主题的信息。

因此，在"学生成绩管理"数据库中，应将教师、课程、学生的信息分开。这样当删除一个学生信息时，不会影响其他信息。

根据上述分析，可以初步拟定该数据库应包含 4 个数据表，即"教师"表、"学生"表、"课程"表、"成绩"表。

3．确定表中的字段

表确定后，就要确定每张表应该包含哪些字段。在确定所需字段时，要注意遵循数据库的设计原则。

根据数据库的设计原则，可以为"学生成绩管理"数据库的各个表设置表结构，如表 1-13～表 1-16 所示。

表 1-13 "学生"表结构

字段名称	学号	姓名	性别	班级	高考成绩	籍贯	政治面貌	简历	照片
字段类型	文本	文本	文本	文本	数字	文本	文本	备注	OLE 对象
字段长度	8	16	1	6	长整型	50	10		

表 1-14 "课程"表结构

字段名称	课程号	课程名	学分	学时
字段类型	文本	文本	数字	数字
字段长度	2	20	整型	整型

表 1-15 "教师"表结构

字段名称	教师号	教师姓名	出生日期	联系电话	教研室
字段类型	文本	文本	日期/时间	文本	文本
字段长度	3	4		12	10

表 1-16 "成绩"表结构

字段名称	学号	课程号	成绩	教师号
字段类型	文本	文本	数字	文本
字段长度	8	2	单精度型	3

4．确定主键及建立表之间的关系

到目前为止，已经把不同主题的数据项分在不同的表中，且每个表都可以存储各自的数据。在 Access 中，各表之间不是完全孤立的，表与表之间可能相互联系。例如，在"学生成绩管理"数据库中，"学生"表和"成绩"表都有"学号"字段，通过这个字段，就可以建立起这两个表之间的关系。

（1）主键

表中的每一条记录都对应现实世界的一个实体，现实世界的每一个实体都是不同的，因此每条记录也是不同的。每个表都有一个能够唯一确定每条记录的字段或字段组合，这个字段或字段组合就是主关键字，简称主键。

例如，"学生"表的主键是"学号"，"课程"表的主键是"课程号"，"教师"表的主键是"教师号"，"成绩"表的主键是字段组合（学号，课程号）。

（2）建立表之间的关系

在"学生"表和"成绩"表之间通过"学号"建立两者之间的一对多联系；在"课程"表和"成绩"表之间通过"课程号"建立两者之间的一对多联系；在"教师"表和"成绩"表之间通过"教师号"建立两者之间的一对多联系。

1.4　Access 2010 简介

目前，数据库管理系统（DBMS）的种类有很多，如 Oracle、Sybase、SQL Server、Visual FoxPro、Access 等。虽然这些 DBMS 的功能不尽相同，操作上也存在较大差别，但它们都采用了关系模型，都属于关系数据库管理系统。其中，Access 2010 是 Microsoft 公司 Office 2010 办公套装软件的组件之一，是目前最为流行的小型关系数据库管理系统（RDBMS）。它基于 Windows，界面简单、功能全面、使用方便。不管是处理公司的客户资料、管理自己的个人通信录，还是科研数据的管理，都可以利用 Access 来进行管理。

1.4.1　Access 的特点

Access 2010 具有以下特点。

（1）界面友好：Access 2010 与 Office 中的其他软件界面相似，提供了方便的向导、完备的帮助和提示等。

（2）存储方式单一：Access 数据库中包含了 6 种数据库对象，即表、查询、窗体、报表、宏、模块。这些对象都存放在同一个以 .accdb 为扩展名的数据库文件中，便于用户操作和管理。

（3）集成开发环境：Access 2010 提供了集成开发环境，该环境集成了各种向导和生成器工具，极大地提高了开发人员的工作效率。

（4）提供与其他数据库系统的接口：Access 2010 兼容多种数据格式，能直接导入 Office 中的其他软件生成（如 Excel、Word 等）的数据文件，而且其自身的数据库内容也可以方便地在这些软件中使用。它还能够直接识别由 FoxBASE、FoxPro 等数据库系统所创建的数据库文件。

（5）导出为 PDF 和 XPS 文件：PDF 和 XPS 格式是常用的文件格式。Access 2010 增加了对这两个文件格式的支持。用户只要在微软的网站上下载相应的插件并安装后，就可以把数据表、窗体、报表直接输出为上述两种格式。

1.4.2 Access 数据库的开发环境

Access 2010 提供了界面友好的集成开发环境。与以前的版本相比，Access 2010 的用户界面发生了重大变化。不仅对功能区进行了修改，还增加了"文件"选项卡。"文件"选项卡是一个特殊的选项卡。它与其他选项卡的结构、布局和功能完全不同。Access 2010 的操作界面主要由 Backstage 视图、快速访问工具栏、功能区、导航窗格组成。

1. Access 的启动和关闭

（1）Access 的启动

启动 Access 可以采用以下方法中的任意一种。

① 选择"开始"→"所有程序"→"Microsoft Office"→"Microsoft Office Access 2010"命令。

② 双击扩展名为.accdb 的数据库文件，这时会启动 Access，并打开该数据库文件。

（2）Access 的关闭

① 单击窗口右上角的关闭按钮。

② 选择"文件"→"退出"命令。

③ 使用快捷键 Alt+F4。

④ 单击控制菜单图标，在弹出的菜单中选择"关闭"命令。

2. "Backstage 视图"

在启动 Access 2010 但尚未打开数据库文件时，可以看到"Backstage 视图"如图 1-8 所示。打开数据库文件后，单击"文件"选项卡也可进入"Backstage 视图"。可在此视图中打开、保存、打印和管理数据库。

其中，"信息"命令选项提供了压缩和修复数据库、对数据库进行加密的操作；"最近使用文件"命令选项显示了最近打开的数据库文件；"新建"是默认的命令选项，可以创建新数据库；"打印"命令选项可以执行打印的相关操作，包括"快速打印""打印"和"打印预览"；"保存并发布"命令选项是保存和转换数据库文件的命令，包括"数据库另存为""对象另存为"和"发布到 Access Services"，实现数据库管理维护和将数据库发布到 Web 等操作。

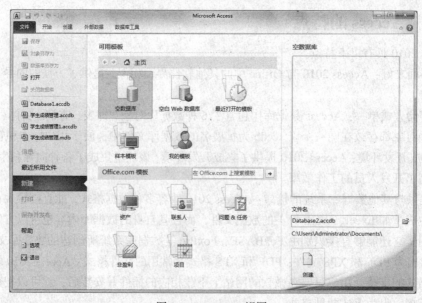

图 1-8　BackStage 视图

3. Access 2010 主窗口

在 Access 2010 打开数据库或创建新数据库后，就正式进入 Access 2010 主窗口，如图 1-9 所示。

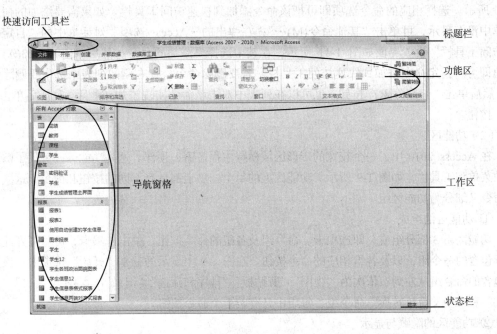

图 1-9　Access 2010 主窗口

Access 2010 的主窗口包括标题栏、快速访问工具栏、功能区、导航窗格、工作区和状态栏等组成部分。

（1）快速访问工具栏

快速访问工具栏通常显示在窗口标题栏的左侧，如图 1-9 所示，默认的快速访问工具栏包括"保存""恢复"和"撤销"命令。

图 1-10　"自定义快速访问工具栏"菜单　　　　图 1-11　"自定义快速访问工具栏"设置界面

可以自定义快速访问工具栏，可将最常用的命令添加到此工具栏中。还可以选择显示该工具栏的位置。单击快速访问工具栏的下拉箭头，将弹出"自定义快速访问工具栏"菜单，如图1-10所示。选择相应的命令选项即可把该命令添加到快速访问工具栏。如果需要添加的命令在菜单中没有显示，可单击"其他命令(M)…"，在弹出的"Access 选项"对话框中的"自定义快速访问工具栏"设置界面如图 1-11 所示。在其中选择要添加的命令，然后单击"添加(A)>>"按钮即可将指定命令添加到快速访问工具栏。若要删除命令，在右侧的列表中选中要删除的命令，然后单击"<<删除(R)"按钮。也可以在列表中双击该命令实现添加或删除。完成后单击"确定"按钮。

（2）功能区

在 Access 2010 中，一个较宽的带形区域横跨主程序窗口顶部。这是功能区，替代了旧版本中的菜单和工具栏，如图1-9所示。功能区上的每个选项卡都具有不同的按钮和命令。这些按钮和命令又细分为功能区组。

① 功能区的组成

功能区由 3 部分组成，即选项卡、命令组及各组的命令按钮。单击选项卡，可以打开此选项卡所包含的命令组，以及各组相应的命令按钮。在图 1-9 中显示的就是"开始"选项卡，该选项卡包含的命令组从左到右依次为"视图""剪贴板""排序和筛选""记录""查找""窗口""文本格式"和"中文简繁转换"命令组，每组中又有若干个命令按钮。

② 功能区的隐藏与显示

如果需要在屏幕上留出更多空间，可以把功能区隐藏起来。单击功能区右上角的功能区最小化按钮 ⌃ 来隐藏功能区。若要重新显示功能区，则再次单击展开功能区按钮 ⌄ 即可展开功能区。也可以双击要隐藏或要显示的活动选项卡来隐藏或显示功能区。

（3）导航窗格

在 Access 2010 中打开数据库时，位于主窗口左侧的导航窗格中将显示当前数据库中的各种数据库对象，如表、查询、窗体、报表等，如图1-9所示。导航窗格可以帮助组织数据库对象，是打开或更改数据库对象的主要方式，它取代了之前版本的数据库窗口。

① 导航窗格的类别

导航窗格实现对当前数据库的所有对象的管理和对相关对象的组织。导航窗格中按类别和组显示所有数据库对象。默认情况下，数据库使用"对象类型"类别来组织数据库对象。如果需要修改类别，可以单击窗口右上角的下拉按钮 ⌄，弹出"浏览类别"下拉菜单如图 1-12 所示，在弹出的下拉菜单中选择类别，则导航窗格会重新按照指定类别对数据库对象进行分组。

② 打开数据库对象

若要打开数据库对象，则在导航窗格中双击该对象，或在导航窗口中选择对象后按 Enter 键。在导航窗格中右键单击对象，在快捷菜单中选择"打开"菜单命令，也可以打开该对象。

③ 显示或隐藏导航窗格

单击导航窗格右上角的百叶窗开关按钮 «，将隐藏导航窗格。再次单击百叶窗开关按钮 »，将打开导航窗格。

要在默认情况下禁止显示导航窗格，则需在 Access 窗口中选择"文件"→"选项"命令，将出现"Access 选项"对话框，如图 1-13 所示，在左侧窗格中单击"当前数据库"选项，然后在右侧窗格的"导航"区域清除"显示导航窗格"复选框，单击"确定"按钮。在关闭当前数据库并重新打开后，设置生效。

（4）工作区

Access 工作区位于 Access 主窗口的右下方、导航窗格的右侧，如图 1-9 所示。工作区是用来设计、编辑、修改以及显示表、查询、窗体和报表等数据库对象的区域。

图 1-12　类别　　　　　　　　　图 1-13　"Access 选项"窗格

（5）选项卡式文档

在 Access 2010 中，可以用选项卡式文档代替原来 Access 版本中的重叠窗口来显示数据库对象。单击选项卡中不同的对象名称，可以切换到不同的对象编辑界面。在选项卡处单击鼠标右键，将弹出快捷菜单，选择其中的命令就可以实现对当前数据库对象的操作。

选项卡式文档界面的优点是便于用户与数据库的交互，它不仅可以在 Access 窗口中以更小的空间显示更多的信息，还可以方便用户查看和管理数据库对象。

通过设置 Access 选项可以启用或禁用选项卡式文档。在 Access 窗口中选择"文件"→"选项"命令，将出现"Access 选项"对话框，如图 1-13 所示，在左侧窗格中单击"当前数据库"选项，然后在右侧窗格的"应用程序选项"区域的"文档窗口选项"下，选中"选项卡式文档"单选按钮，并勾选"显示文档选项卡"复选框，单击"确定"按钮，则启用了选项卡式文档。在关闭当前数据库并重新打开后，设置生效。

1.4.3　Access 的帮助系统

Access 2010 具有较为完善的随机帮助系统，使用起来很方便。

单击"文件"按钮打开 Backstage 视图，再单击"帮助"→"Microsoft Office 帮助"，或者直接按 F1 键，也可以单击窗口右上角的帮助按钮，弹出如图 1-14 所示的帮助窗口。帮助窗口提供了按目录查找、按关键字搜索的帮助方式。

（1）如果知道要查找的帮助信息的主题，可以通过目录查找帮助信息。在帮助窗口中单击"目录"按钮将打开目录选项卡，如图 1-15 所示，在目录中选择要找的主题。

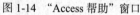

图 1-14 "Access 帮助"窗口	图 1-15 "Access 帮助"窗口的"目录"栏

（2）如果知道要查找信息的关键字，可以通过搜索查找帮助信息。在"搜索"栏中键入相关的关键字即可。

小　结

本章介绍了数据库系统的有关概念、数据库系统的组成、数据库管理系统的功能、概念模型、E-R 图以及 3 个传统的逻辑模型，重点讲解了关系模型的特点和关系运算，并对数据库的设计方法做了较全面的描述。

本章还介绍了关系数据库管理系统 Access 2010 的特点、开发环境和帮助系统。

关系数据库和数据库设计这两部分的内容对于开发数据库应用系统是必备的基础知识，建议读者在今后的学习过程中学以致用。

习　题　1

一、单项选择题

1. 下列说法错误的是（　　）。

　A. 人工管理阶段程序之间存在大量重复数据，数据冗余度高

　B. 文件系统阶段程序和数据有一定的独立性，数据文件可以长期保存

　C. 数据库系统阶段提高了数据的共享性，减少了数据冗余

　D. 上述说法都是错误的

2. 从关系中找出满足给定条件的元组的操作称为（　　）。

　A. 选择　　　　　　　B. 投影　　　　　　　C. 连接　　　　　　　D. 自然连接

3. 关闭 Access 的方法不正确的是（　　　）。

  A. 执行"文件"→"退出"命令   B. 使用 Alt+F4 快捷键

  C. 使用 Alt+F+X 快捷键   D. 使用 Ctrl+F4 快捷键

4. 使用 Access 按用户应用需求设计结构合理、使用方便、高效的数据库和配套的应用程序系统，属于一种（　　　）。

  A. 数据库   B. 数据库管理系统

  C. 数据库应用系统   D. 数据类型

5. 二维表由行和列组成，每一行表示关系的一个（　　　）。

  A. 属性   B. 字段   C. 集合   D. 记录

6. 在教师表中，如果要找出职称为"教授"的教师，所采用的关系运算是（　　　）。

  A. 选择   B. 投影   C. 连接   D. 自然连接

7. 常见的数据模型有（　　　）3 种。

  A. 网状、关系和语义   B. 层次、关系和网状

  C. 环状、层次和关系   D. 字段名、字段类型和记录

8. 在关系运算中，投影运算的含义是（　　　）。

  A. 在基本表中选择满足条件的记录组成一个新的关系

  B. 在基本表中选择需要的字段（属性）组成一个新的关系

  C. 在基本表中选择满足条件的记录和属性组成一个新的关系

  D. 上述说法均是正确的

二、填空题

1. 数据库系统的 5 个组成部分为_____、_____、_____、_____、_____。

2. 实体之间的对应关系称为联系，有如下 3 种类型：_____、_____、_____。

3. 任何一个数据库管理系统都是基于某种数据模型的。数据库管理系统所支持的数据模型有 3 种：_____、_____、_____。

4. 两个结构相同的关系 R 和 S 的_____是由属于 R 但不属于 S 的元组组成的集合。

5. 计算机数据管理的发展分为 3 个阶段，分别是_____、_____、_____。

三、简答题

1. 简述数据、数据库、数据库管理系统、数据库系统的概念。

2. 简述数据库系统的组成。

3. 简述实体的概念和实体之间的联系类型。

4. 简述文件系统和数据库系统的区别。

5. 简述数据库管理系统的主要功能。

6. 简述数据库设计步骤。

第 2 章
数据库和表

Access 2010 数据库是最基本的容器，是一些关于某个特定主题或目的的信息集合，具有管理本数据库中所有信息的功能，其将所有的数据库对象集中存储在一个扩展名为.accdb 的磁盘文件中。利用 Access 2010 开发一个数据库系统，相当于创建数据库文件，并向其中添加数据库对象的过程。表对象是存储数据的基本单位，都存放在同一个数据库文件中。这样就方便数据库对象的管理。因此，在开发一个数据库系统前，首要的工作是创建数据库。

本书以"学生成绩管理"数据库应用系统的开发为例，详细讲解了数据库的创建和使用，以及实施一个小型数据库应用系统开发的全过程，包括表对象的创建、维护和操作及表之间关系的建立等。

2.1　创建、使用数据库

创建数据库之前，首先应根据用户的需求对数据库应用系统进行分析和研究，然后再按照一定的原则设计数据库中的具体内容。一般要经过需求分析、确定数据库中的各种数据表、确定各表中的字段、确定各表的主关键字及表与表间的关系等步骤。

在需求分析阶段，明确建立数据库的目的，尽可能详细地了解用户的需求，包括对系统功能的需求、对数据库中存储数据的要求等。

需求分析完成后，要根据需求分析的结果确定数据库中应该包含几个表，每个表中应该包含哪些字段，每个字段的数据类型是什么，对于字段中的值有没有取值上的约束，每个表的主键（可以唯一标识一个记录）是哪个字段或哪些字段（标识主键的字段不允许有重复值或空值）。

数据表建立完毕后，还要确定表之间的联系。

2.1.1　创建数据库

Access 2010 提供了多种创建数据库的方法，主要包括使用样本模板创建数据库、创建空数据库和创建空白 Web 数据库。不论使用哪种方法创建数据库，都可以在以后进行修改或扩充。

1．使用样本模板创建数据库

为了方便用户的使用，Access 2010 提供了多种标准的数据库模板，也可以从 Office.com 下载更多模板。利用模板可以建立一个比较完整的数据库系统。若某个模板非常符合用户的要求，则该模板是创建数据库最简单的方法。这时，只需稍作修改就能满足用户的需要，能够节省用户的时间。

例 2-1　使用"样本模板"创建一个名为"学生.accdb"的数据库。

具体操作步骤如下。

（1）启动 Access 2010 后，在图 1-8 所示的"Backstage 视图"中，选定其左边窗格中的"新建"命令，在其右边窗格中显示"可用模板"列表。

（2）选择"可用模板"列表中的"样本模板"，在显示的"样本模板"列表中单击"学生"选项，如图 2-1 所示。可以看到，此时系统自动给出一个默认的文件名"学生.accdb"。在对话框的"数据库"选项卡中，系统为用户提供了 12 个常用的数据库模板。单击"Office.com 模板"下的任意一个文件夹还可以在互联网上获得 Office 提供的在线模板。每个模板都是一个完整的数据库应用系统，其中包含表、窗体、查询、报表等对象。

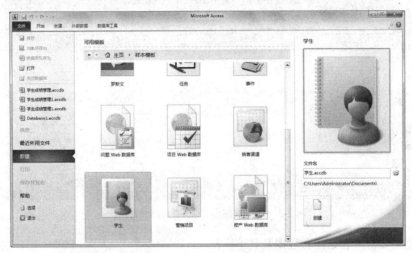

图 2-1　使用"样本模板"创建"学生"数据库

（3）选择"文件名"框右边的 图标，弹出"文件新建数据库"对话框，选定 D 盘根目录下的文件夹"学生成绩管理"（我们在 D 盘下建一个"学生成绩管理"文件夹，以后我们所有的文件都放在此文件夹中），如图 2-2 所示，保存类型不变，使用默认值。

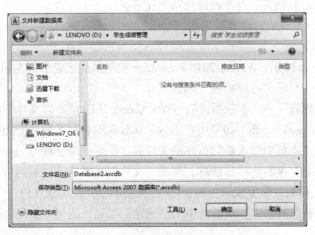

图 2-2　"文件新建数据库"对话框

（4）单击"文件新建数据库"对话框中的"确定"按钮，返回"文件"选项卡的新建数据库界面。

（5）单击右下方的"创建"按钮，Access 2010 数据库管理系统便在"D：\学生成绩管理"中新建一个文件名为"学生"数据库。这时新建的数据库"学生"自动被打开。在 Access 2010 窗口的标题栏中显示出当前打开的数据库名称"学生"，并显示"安全警告"提示栏。如图 2-3 所示。

（6）单击"安全警告"提示栏的"启用内容"按钮。

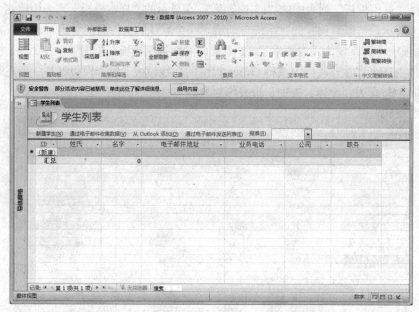

图 2-3　新建数据库"学生"自动被打开

（7）根据需要修改表结构和数据及其他操作。

2．创建空数据库

利用模板创建数据库是一种非常快捷的方式，但是通常不能完全满足实际需要，还需要根据实际情况修改相应对象。因此，我们应使用"创建空数据库"的方法。

创建空数据库是最灵活的一种方法。首先创建一个空数据库，逐步添加所需的表、窗体、查询、报表等对象，然后根据实际需要再进行功能完善。

例 2-2　创建"学生成绩管理"数据库。

具体操作步骤如下。

（1）启动 Access 2010 后，Access 2010 Backstage 视图默认选定了其左边窗格中的"新建"命令，并在其右边窗格中显示"可用模板"列表。

（2）选择"可用模板"→"空数据库"，此时 Access 2010 按新建文件的次序自动给出一个默认的文件名，如 Database1.accdb。如果用户不指定新数据库名，系统将使用默认的文件名。在本例中，在"文件名"文本框中输入新数据库的文件名"学生成绩管理"，如图 2-4 所示。

（3）单击"文件名"框右边的 图标，弹出"文件新建数据库"对话框，如图 2-2 所示。选定 D 盘根目录下的文件夹"学生成绩管理"。保存类型不变，使用默认值。

（4）单击"文件新建数据库"对话框中的"确定"按钮，返回"文件"选项卡的新建数据库界面。

（5）单击右下方的"创建"按钮，即可在 Access 2010 中创建一个空数据库"学生成绩管理"。新建的"学生成绩管理"数据库是空的，里面没有任何数据库对象，数据库对象的添加将在后面介绍。

图 2-4　输入新数据库文件名"学生成绩管理"

　　用户不论用哪种方法创建数据库，创建之后都要对数据库进行修改或扩展，如添加数据库对象、修改某个对象的内容、管理数据库等。用户每次的修改都要保存起来，下次开始工作时只需打开数据库就可以继续使用。创建好数据库之后，就可以对数据库进行操作了。

3. 创建空白 Web 数据库

　　在 Access 2010 中，创建一个空白 Web 数据库的方法同创建空数据库的方法类似。

　　具体操作步骤如下。

　　（1）启动 Access 2010 后，Access 2010 Backstage 视图默认选定了其左边窗格中的"新建"命令，并在其右边窗格中显示"可用模板"列表。

　　（2）选择"可用模板"→"空白 Web 数据库"，在"文件名"文本框中输入新数据库的文件名"图书管理系统"。

　　（3）单击"文件名"框右边的 图标，弹出"文件新建数据库"对话框，如图 2-2 所示。选定 D 盘根目录下的文件夹"学生成绩管理"。保存类型不变，使用默认值。

　　（4）单击"文件新建数据库"对话框中的"确定"按钮，返回"文件"选项卡的新建数据库界面。

　　（5）单击右下方的"创建"按钮，即可在 Access 2010 中创建一个名为"图书管理系统"的Web 数据库。此时新建的 Web 数据库"图书管理系统"自动被打开，在 Access 2010 窗口的标题栏中显示出当前打开的数据库名称"图书管理系统"。

2.1.2　数据库的基本操作

　　数据库的基本操作包括打开和关闭数据库、转换数据库文件的格式、设置数据库默认的文件格式、设置数据库默认的文件夹等。

1. 数据库的打开

　　Access 同一时间只能处理一个数据库，因此每新建一个数据库或打开一个已有数据库的同时，会自动关闭正在使用的数据库。

　　Access 数据库的打开主要有以下 3 种方法。

（1）使用菜单命令或自定义快速访问工具栏。选择"文件"→"打开"命令或单击自定义快速访问工具栏上的"打开"按钮 🖿，弹出"打开"对话框，用于选择需要打开的数据库文件。在对话框中选好目标数据库文件，单击对话框右下角"打开"按钮旁边的下拉按钮，会弹出如图2-5所示的列表，该列表中列出了数据库的4种打开方式。

① "打开"：以共享模式打开数据库。这种方式下，在同一时间允许多用户同时读取和编辑数据库，是系统默认的打开方式。

② "以只读方式打开"：用户只能查看而不能修改数据库。如果只是想查看已有的数据库并不想对它进行修改，可以选择以这种方式打开，这样可以防止用户无意间对数据库的修改。

③ "以独占方式打开"：同一时间只能有一个用户读取和修改数据库，其他用户无法使用该数据库。这样可以防止网络上的其他用户访问这个数据库，亦可以有效地保护自己对共享数据库文件的修改。

④ "以独占只读方式打开"：一个用户以独占只读方式打开某数据库，只能查看数据库而不能编辑数据库，其他用户也无法打开该数据库。

图2-5 "打开"列表　　　　图2-6 "打开已有数据库"的窗口

（2）打开最近使用过的数据库。在"数据库"窗口中，单击"文件"→"最近所用文件"命令，窗口右部会出现最近使用过的文件，单击要打开的文件名即可打开该数据库，如图2-6所示。

（3）直接双击已有的数据库文件。打开数据库所在的文件夹，双击已存在的 Access 2010 数据库文件图标，即可打开指定的 Access 数据库。

2. 数据库的关闭

退出 Access 2010 系统时，可以选择"文件"→"退出"命令，或者按 Alt+F4 组合键（或 Alt+F+X 组合键）退出，或者点击主窗口右上角的关闭按钮。

如果只想关闭数据库文件而不关闭 Access，则选择"文件"→"关闭数据库"命令。如果在退出之前，用户对数据库中的数据做了修改，那么 Access 2010 将在关闭之前询问是否保存这些修改。

3．转换数据库文件格式

Access 版本不同，数据库应用系统的格式也不同。为了能够将 Access 的几种不同版本的数据库文件相互共享，Access 2010 提供了转换数据库格式的功能。利用该功能，可以将 Access 2010 格式转换成旧版本的 Access（Access 2002-2003、Access 2000）（注：Access 2010 支持但是 Access 2003 不支持的部分将无法正常转换），也可以反向操作，将 Access2003 创建的 MDB 格式的数据库转换为 accdb 格式的数据库。

例 2-3　将 Access 2003 的 MDB 格式的数据库转换为 Access 2010 的 accdb 格式的数据库。
具体操作步骤如下。

（1）打开数据库"学生成绩管理"（Access 2003）。

（2）选择"文件"→"保存并发布"→"数据库另存为"项，出现如图 2-7 所示的内容，选择"Access 数据库（默认数据库格式）"。

图 2-7　数据库版本转换

（3）单击"另存为"按钮，弹出如图 2-8 所示窗口，选择文件保存位置及保存类型并输入文件名（我们这里保存位置选择"D：/学生成绩管理"，文件名不变）。

（4）单击"保存"按钮。弹出提示对话框，单击"确定"按钮，完成转换。

图 2-8　"另存为"窗口

4. 数据库默认的文件格式

如果希望每次新建的数据库都采用 Access 2007-2010 文件格式，则步骤如下。

（1）单击"文件"→"选项"命令，弹出"Access 选项"窗口，如图 2-9 所示。

（2）在"Access 选项"窗口中，单击左侧窗格中"常规"选项卡，然后单击右侧窗格的"创建数据库"区域的"空白数据库的默认文件格式"右侧的下拉按钮，将列出可选的文件格式，选择"Access 2007"，完成设置。

以后，用户在 Access 2010 中创建的数据库默认格式为 Access 2007 的文件格式。

注：本书将 accdb 格式作为空白数据库的默认文件格式。

5. 设置数据库默认文件夹

用 Access 2010 所创建的各种文件都需要保存在磁盘中，为了快速正确地保存和访问磁盘上的文件，应当设置默认的磁盘目录。Access 2010 打开或保存数据库文件的默认文件夹是 My Document，即"我的文档"，但为了数据库文件管理、操作上的方便，用户不必每次都更改保存的文件位置，可以设置数据库默认的文件夹。

例 2-4　将默认数据库文件夹设置为"D：\学生成绩管理"。

具体操作步骤如下。

（1）单击"文件"→"选项"命令，弹出"Access 选项"窗口，如图 2-9 所示。

（2）在"Access 选项"窗口中，在左侧窗格中单击"常规"选项卡，然后单击右侧窗格"创建数据库"区域的"默认数据库文件夹"右侧的文本框，输入"D:\学生成绩管理"，单击"确定"按钮完成设置，如图 2-9 所示。

图 2-9　"Access 选项"窗口

2.1.3　Access 数据库对象

数据库是 Access 2010 最基本的容器。它是一些关于某个特定主题或目的的信息集合，以一个单一的数据库文件（*.accdb）形式存储在磁盘中，具有管理本数据库中所有信息的功能。

Access 2010 数据库包括表、查询、窗体、报表、宏、模块 6 个对象。它们都存放在同一个数据库文件中。

当打开一个 Access 数据库时，只要在导航窗格显示出的分类对象列表中双击某个具体对象，则该具体对象的相应视图就会显示在工作区窗格中。

下面分别介绍 Access 2010 数据库的各种对象。

1. 表

表是数据库中存储数据的最基本对象，是数据库的核心和基础，是整个数据库系统的数据源。表由若干记录组成，每一行称为一条记录（或元组），是一个实体的完整信息；一列称为一个字段，用来描述实体的一个属性。实体可以是人，如教师、学生等；也可以是物，如书、计算机；还可以是事件，如学生选课、客户订货。把实体集看成一张二维表，由表结构和若干记录组成，表结构对应关系模式。每个记录由若干个字段构成，字段对应关系模式的属性，字段的数据类型和取值范围对应属性的域。

在 Access 中，用户可以利用表向导、表设计视图等工具以及 SQL 语句创建表，然后将各种不同类型的数据输入表中。在数据表视图下，可以对各种不同类型的数据进行维护、加工、处理等操作。

2. 查询

查询是数据库中一个十分重要的对象。查询就是根据用户的需要，按照一定的条件从一个或多个表中筛选出所需要的信息。

查询也是一个"表"，是以表为基础数据源的"虚表"。

利用查询，可以通过不同的方法来查看、更改以及分析数据，可以将查询作为窗体、报表的记录源，可以查找并检索符合指定条件的数据（这些数据可能存储在一个表或多个表中），也可以一次更新或删除多个记录。

实际上，查询是一个 SQL 语句，用户可以利用 Access 2010 提供的命令工具，以可视化的方式或直接编辑 SQL 语句的方式来建立查询对象。

3. 窗体

窗体是用户和应用程序之间交互式访问数据库的界面。用户可以在窗体中方便地浏览、输入以及更改数据库中的数据。

窗体本身并不存储数据，而数据一般存在数据表中。窗体只是提供了访问数据、编辑数据的界面。一个设计良好的窗体可以将表中的数据以更加友好的方式显示出来，从而方便用户对数据进行浏览和编辑，也可以简化用户输入数据的操作，尽可能避免因人为操作不当而造成失误。

4. 报表

报表是以打印格式展示数据的一种有效方式。报表可以将数据库中需要的数据提取出来进行分析、整理和计算，并以实际打印文档的形式表现出来。与窗体类似，报表中绝大多数信息来自数据库的基本表、查询或 SQL 命令。报表与窗体的区别是，报表只用于输出数据，而不能对数据做任何修改。但是在报表中，可以控制每个对象的大小和外观，还可以按照需要的方式显示相应的内容。

5. 宏

宏是一个或多个操作的集合，每个操作实现一个特定的功能。宏可以是包含一个操作序列的一个宏，也可以是包含若干个宏的宏组。一个宏或宏组的执行与否还可以通过一个条件表达式是否成立来进行控制，即可以通过给定的条件来决定在哪些情况下运行宏，从而避免执行多个命令的麻烦，达到简化操作、提高工作效率、实现自动化的效果。宏又分为独立宏、嵌入宏和数据宏。

在导航窗格中的宏对象列表中仅列出全部的独立宏。

宏操作可以打开窗体、运行查询、生成报表、运行另一个宏、调动模块等。

6. 模块对象

模块是用 Access 2010 提供的 VBA（Visual Basic for Applications）语言编写的程序段。

熟悉 Visual Basic 程序设计语言的用户，可以通过 Visual Basic 程序设计语言编写数据库应用系统的前台界面，再依靠 Access 的后台支持，实现系统开发的全过程。

用户可以在数据库的 Visual Basic 编辑器中编辑 VBA 代码。

而对于不熟悉 Visual Basic 程序设计语言的用户，直接编辑 VBA 语言时不可避免地要遇到许多麻烦，如不熟悉代码、不了解库函数以及编译问题等。对于一个较大型数据库的开发工作，要使得该产品具有更加灵活多变的功能、完成更多用户特定需求的任务，加入模块就变得必不可少。

因为在数据库的开发过程中，开发人员可以完全不接触源代码，仅利用 Access 提供的可视化数据库编程工具，如查询、窗体、报表等，就可以完成绝大部分的任务，所以不熟悉 Visual Basic 程序设计语言的用户，也不必担心。本书中应用实例就是直接通过 Access 2010 提供的可视化编程工具实现的。

2.2 创建、维护表

表是数据库中最基本的对象，是数据库中所有数据的载体，就像房子的地基。创建表之前应仔细分析和策划事件需求，以确定所需表的数量。一个数据库里一般会有多个表，每个表都是与特定主题有关的数据集合。

通常创建表的步骤如下。

（1）创建表的结构。这时需定义表包含哪些字段、每个字段的数据类型及其他操作。

（2）向表中输入记录。即向表中输入数据。

如果是从其他已有的文件导入数据，操作步骤如下。

（1）导入数据到数据库中。

（2）重新调整表的结构，包括字段的重新命名、字段类型的更改及其他属性的设置等。

2.2.1 基本表的结构

一个 Access 数据库表（简称表）由表名、表的结构、表的记录三要素构成。如图 2-10 所示，表名为"成绩"，该表中包含 4 个字段，分别为"学号""课程号""成绩""教师号"，表中共有 6 条记录。

图 2-10 "成绩"表

1. 字段的名称

字段名称是用来标识字段的。它可以由英文、中文和
数字组成，但必须符合 Access 数据库的对象命名规则。以下规则通常适用于表名、查询名等对象的命名。

（1）字段名称的长度为 1~64 个字符。

（2）字段名称可以用字母、数字、空格、下划线以及其他一切特别字符，但不能包含句点（.）、感叹号（!）、中括号（[ ]）和重音符号（`）等字符。字段名称可以使用汉字。

（3）不能使用 ASCII 值为 0～31 的字符。

（4）不能以空格开头。因为字段名中的空格可能会和 Microsoft Visual Basic for Applications 存在命名冲突。

2. 字段的数据类型

在给字段命名后，应确定字段的数据类型。不同的数据类型，其存储方式、能存储的数据长度、在计算机中所占用的空间大小有所不同。例如，若字段的类型为数字，就不可以在此字段中输入文本。若输入错误数据，Access 会发出错误信息，且不允许保存。Access 提供了十二种数据类型，如表 2-1 所示。

表 2-1　字段的数据类型

数据类型	说明	大小
文本	字符或字符与数字的任意组合，不能用于计算，如姓名、邮政编码	最长为 255 个字符
备注	超长的文本，用于注释或说明	最多为 65 535 个字符
数字	用于数学计算的数值数据，如"成绩""工资"等字段	可以是 1、2、4、8、12、16 个字节
日期/时间	用来存储日期和时间数据，如"出生日期""入学时间"	8 个字节
货币	表示货币的数据类型，如定金、单价、汇款等货币金额	8 个字节
自动编号	向表中添加一条新记录时，系统自动指定一个唯一序号，增量为 1，常用作主键，自动编号字段不能更新	4 个字节
是/否	布尔型，数据类型只有两种值："是"或"否"，"真"或"假"，"开"或"关"等	1 位
OLE 对象	链接或内嵌在 Access 数据表中的对象，如 Excel 电子表格、Word 文档、图形、声音或其他二进制数据	最大可为 1GB
超链接	可以链接到另一个文档、URL 地址等	最长可为 64 000 个字符
查阅向导	可以从其他表、列表框或组合框中选择一个值，数据类型只能是"文本"或"数字"	4 位
计算字段	用于存放根据同一表中的其他字段计算而来的结果值，计算不能引用其他表中的字段，可以使用表达式生成器创建计算字段	8 字节
附件	将 Word 文档、电子表格文件、图表和图像等文件附加到记录中，类似于在邮件中添加附件。使用附件字段可将多个文件附加到一条记录中	最大可为 2GB

　　"查阅向导"字段主要是为该字段重新创建一个查阅列，以便输入和查询其他表或本表中其他字段的值，以及本字段已经输入过的值。

2.2.2　基本表的创建

Access 2010 根据不同的用户需要，提供了多种创建表的方法，常用的有以下 3 种。

（1）使用"设计视图"创建表是最常用的方法。

（2）使用"数据表视图"创建表，需在数据表视图中直接在字段名各处输入字段名。

（3）利用其他数据，如 Word 文档、Excel 工作表及其他数据库等多种文件，需通过导入或链接的方式来创建表。

这几种创建表的方式各有各的优点，适用于不同的场合。与 Access 2003 相比，Access 2010

不能使用表向导来创建表，但是提供了使用 SharePoint 列表创建表的方法。用户可以从网站上的 SharePoint 列表导入表，或者创建链接到 SharePoint 列表中的表，还可以使用预定义模板创建 SharePoint 列表。

1. 使用"数据表视图"创建表

使用"数据表视图"创建表是一种直接创建表的方法。在空白数据表中直接选择数据类型并添加字段名称，在"字段"选项卡中可以设置字段的名称、标题、默认值和字段大小等属性，在"数据表视图"中可以直接输入数据。其他属性需要在"设计视图"中修改。

例 2-5 通过使用数据表视图创建"教师"表，表中的字段有"教师号""教师姓名""出生日期""联系电话""教研室"。"教师"表的结构如表 1-15 所示。

具体操作步骤如下。

（1）打开"学生成绩管理"数据库，选择"创建"选项卡，单击"表格"组的"表"按钮，系统自动创建一个默认名为"表 1"的新表，并以数据表视图打开，如图 2-11 所示。

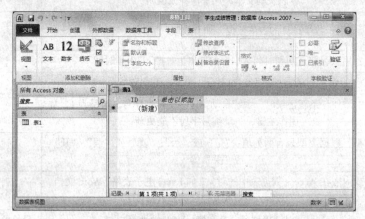

图 2-11 创建新表

（2）单击"单击以添加"下拉菜单，如图 2-12 所示。选择"文本"则添加了一个文本类型的字段，并且字段初始名称是"字段 1"，如图 2-13 所示。

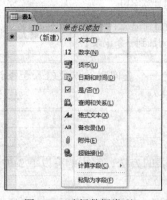

图 2-12 选择数据类型

图 2-13 添加字段

（3）修改刚添加的"字段 1"的名称，输入"教师号"，如图 2-14 所示。

（4）在"表格工具"下的"字段"选项卡的"属性"组中，将"字段大小"改为 3，如图 2-15 所示。

图 2-14　修改字段名称

图 2-15　修改字段大小

（5）重复步骤（2）～（4），添加"教师姓名""出生日期""联系电话""教研室"字段，其中，"教师姓名""联系电话""教研室"字段的数据类型均为文本，字段大小分别为 4、12、10，"出生日期"字段的数据类型为"日期和时间"型。

（6）单击"快速访问工具栏"中的 ■ 按钮，弹出"另存为"对话框。

（7）在"另存为"对话框中，输入表名"教师"，单击"确定"按钮。

创建完表结构之后，可以直接在如图 2-16 所示的"数据表视图"中字段名称下面的单元格中依次输入表的内容。

图 2-16　新建"教师"表

 　　　　教师表中的 id 字段是自动编号字段。一个表中只能有一个自动编号类型的字段。每个自动编号类型字段的值只与一条记录绑定，删除了该记录，此记录的自动编号类型字段的值也作废，该自动编号不会再赋值给其他记录。

用同样的方法创建一个"成绩"表（每个字段的数据类型为数字型），如图 2-17 所示。

图 2-17　"成绩"数据表视图

在"数据表视图"中，可以在字段名处直接输入字段名（即更改字段名），还可以对表中的数据进行编辑、修改、添加、删除等各种操作，但是对于设置字段的属性有一定的局限性。例如，对于日期类型的字段，无法设置具体是短日期还是长日期等。一般使用"数据表视图"直接创建出来的表都不完全符合用户的要求，因此需要通过"设计视图"来对该表的结构设计做进一步的修改。值得一提的是，当新建一个空数据库时，Access 2010 自动创建一个新表，并打开 2-11 所示的数据表视图，用户可以从此处开始一个数据表的设计工作。

2. 使用"设计视图"创建表

对于较复杂的表，通常在设计视图下创建。使用"设计视图"可以更加灵活地创建表。在"创建"选项卡上的"表格"组中，单击"表设计"按钮，显示表的"设计视图"，如图 2-18 所示。

表的"设计视图"分为上、下两部分，上半部分是字段输入区，下半部分是"字段属性"区。字段输入区包括字段选定器、字段名称、数据类型和说明。字段选定器用于选定某个字段，如单击它可选定该字段行；字段输入区的一行可用于定义一个字段。"字段属性"区用于设置字段的属性。

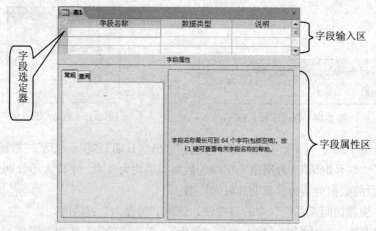

图 2-18　表的"设计视图"

例 2-6　通过"设计视图"创建表 1-13 所示的"学生"表，主键是"学号"。

具体操作步骤如下。

（1）打开"学生成绩管理"数据库，选择"创建"选项卡，单击"表格"组的"表设计"按钮，显示表的"设计视图"。

（2）在字段输入区第 1 行的"字段名称"单元格键入"学号"；在"数据类型"单元格选择"文本"；在字段属性区"字段大小"单元格键入"8"。选择"表格工具"下的"设计"选项卡，单击"工具"组的"主键"按钮，在"学号"左边的字段选定器框中显示出一个钥匙图标，表示设置了该字段为主键。

（3）用同样的方法定义字段"姓名""性别""班级"，字段类型均为文本型，大小分别为 16、1、6。

（4）用同样的方法定义字段"高考成绩"，在"数据类型"单元格选择"数字"，在字段属性区"字段大小"单元格选择下拉菜单"长整形"。

（5）用同样的方法定义字段"政治面貌""简历""照片"，数据类型分别为文本、备注、OLE对象，"政治面貌"的大小为 10。

（6）单击"快速访问工具栏"中■按钮，弹出如图 2-19 所示的对话框。

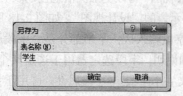

图 2-19　"另存为"对话框

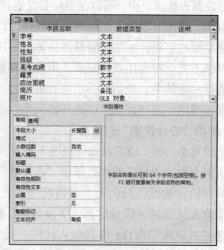

图 2-20　"学生"表的设计视图

（7）输入表名称为"学生"，单击"确定"按钮，此时表的设计视图如图 2-20 所示。转到数据表视图下即可输入数据。

使用同样的方法创建"课程"表，表结构如图 1-14 所示。

3．表视图的切换

在创建和使用表对象的过程中，经常需要使用不同的视图方式来查看表对象。Access 2010 提供了"数据表视图""数据透视表视图""数据透视图视图"和"设计视图"，如图 2-21 所示，其中，前 3 种用于表中数据的显示，后一种用于表的设计。

图 2-21　表视图的切换方式

切换视图有多种方法如下（首先打开一个表对象）。

（1）选择"开始"选项卡上的"视图"组的"视图"按钮，选择不同的视图方式即可实现视图的切换。

（2）在选项卡式文档中右键单击相应表对象的名称，在弹出的快捷菜单中选择不同的视图方式。

（3）单击状态栏右侧的视图切换按钮 [□ 亘 ᚑ ⿰] 选择不同的视图方式。

2.2.3　字段的属性设置

Access 提供了很多属性，这些属性的设置提高了数据的规范性、正确性和有效性。属性用于描述字段的特征，控制数据在字段中的存储、输入或显示方式等。不同数据类型的字段所拥有的字段属性是不同的。

字段的属性设置一般在表的"设计视图"中进行，分为常规属性和查阅属性。

1．常规属性的设置

字段的常规属性主要包括字段大小、格式、小数位数、输入掩码、标题、默认值、有效性规则、有效性文本、必填字段、索引、智能标记、输入法模式等。每个字段的属性随着数据类型的不同而不同。

（1）字段大小的设置

字段大小用于设置字段的存储空间大小。只有当字段数据类型设置为文本或数值时，"字段大小"属性才可以设置。

文本数据类型用来保存诸如名称、地址以及任何不需要数值计算的数据。一个"文本"字段最多能保存 255 个字符，最少为 1 个字符。如果需要保存多于 255 个字符的数据，则应使用"备注"数据类型。"备注"字段最多可以保存 65 535 个字符。如果要保存带格式的文本或长文本，则应创建一个 OLE 对象字段。

数值型字段又可分为数字和货币两种数据类型。数字类型字段用于保存需要数学计算的数字数据，其字段宽度如表 2-2 所示，默认值是长整形。但涉及货币的计算，应选择货币数值类型，并设定整数和小数位数。货币字段的大小可精确到小数点前 15 位及小数点后 4 位。

自动编号类型默认为长整型，逻辑型字段固定长度为 1 个字节，日期型字段固定长度为 8 个字节。

表 2-2　数字型字段大小的属性取值

可设置值	说明	小数位数	大小
字节	保存 0～255 的数字且无小数位	无	1 个字节
整型	保存-32 768～32 767 的数字且无小数位	无	2 个字节

续表

可设置值	说明	小数位数	大小
长整型	（默认值）保存-2 147 483 648～2 147 483 647 的数字且无小数位	无	4 个字节
单精度型	保存-3.402 823E38～-1.401 298E-45 的负值、1.401 298E-45～3.402 823E38 的正值	7	4 个字节
双精度型	保存-1.797 693 134 862 31E308～-4.940 656 458 412 47E-324 的负值、4.940 656 458 412 47E-324～1.797 693 134 862 31E 308 的正值	15	8 个字节
小数	保存-9.999…E27～9.999…E27 的实数	28	12 个字节
同步复制 ID	保存长整形或双精度型	N/A	16 个字节

（2）格式的设置

"格式"属性可在不改变数据实际存储的情况下，改变数据显示或打印的格式。可以使用预定义的格式（建立字段时，系统自动设定），也可使用格式符号创建自定义格式。不同的数据类型，格式属性不尽相同。

文本、备注型数据的格式如表 2-3 所示。

表 2-3 自定义文本格式

文本/备注型	
符号	说明
@	要求文本字符（字符或空格）
&	不要求文本字符
<	所有字符以小写格式显示
>	所有字符以大写格式显示
-	强制向右对齐
!	强制向左对齐

表 2-4 自定义数字货币格式

数字/货币型	
符号	说明
0	数字占位符，显示一个数字或 0
#	数字占位符,显示一个数字或不显示
$	显示原字符 "$"，作为货币符号
%	将输入数据显示为百分数
E-或 e-	用科学记数法显示数据，负数前加 "-" 号
E+或 e+	用科学记数法显示数据，正数前加 "+" 号

文本和备注型数据的自定义格式最多可有 3 个区段，以分号 ";" 隔开，分别指定字段内的文字、零长度字符串和 Null 值的数据格式。例如，在格式中输入（@@@@）@@@@@@@，则输入数字 03552178418 时，将会显示：（0355）2178418。

数字/货币型数据的格式如表 2-4 所示，日期/时间型数据的格式如表 2-5 所示，是/否型数据的格式如表 2-6 所示。

表 2-5 日期/时间型数据格式

设置	说明
常规日期	（默认值）04/02/12 08:34:48
长日期	2012 年 4 月 2 日
中日期	12-04-02
短日期	12-4-2
长时间	08:34:48
中时间	AM 8:34
短时间	08:34

表 2-6 是/否型数据格式

设置	说明
真/假	-1 为 True，0 为 False
是/否	1 为是，0 为否
开/关	-1 为开，0 为关

（3）"输入掩码"的设置

利用"输入掩码"属性可以控制用户按照规定的格式输入数据，并拒绝错误格式的输入，以保证输入数据的正确性。掩码的设置可以直接人工设置，也可以使用"输入掩码向导"来完成。

人工设置输入掩码时定义"输入掩码"属性所使用的字符如表 2-7 所示。

表 2-7　定义"输入掩码"属性使用的字符

字符	说明
0	必须输入数字（0~9）
9	输入数字或空格，非必选项
#	输入数字或空格，非必选项（在"编辑"模式下空格显示为空白，但在保存数据时将空白删除，允许输入加号和减号）
L	必须输入字母（A~Z）
?	输入字母（A~Z），非必选项
A	必须输入字母或数字
a	输入字母或数字，非必选项
&	必须输入任一字符或空格
C	输入任一字符或空格，非必选项
.,:;-/	十进制占位符及千位、日期与时间的分隔符（实际的字符将根据 Windows 控制面板中的"区域设置属性"对话框中的设置而定）
<	将所有字符转换为小写
>	将所有字符转换为大写
!	使输入掩码从右到左显示，而不是从左到右显示。键入掩码中的字符始终都是从左到右填入，掩码中的任何地方都可以包括感叹号
\	使其后的字符以原输入字符显示（例如，\A 只显示为 A）
密码	可以创建密码输入项文本框，此中输入的任何字符都按原字符保存，但显示为星号（*）

例如，输入掩码定义为 000-00000000，则允许输入值如 021-49863766。

例 2-7　为"学生"表的"学号"字段设置输入掩码，要求输入的数据必须是 8 位数字。

具体操作步骤如下。

① 打开"学生成绩管理"数据库，选择"表"对象中的"学生"表，在右击弹出的快捷菜单中单击"设计视图"命令，打开"学生"表的"设计视图"。

② 在"设计视图"中选择"学号"字段，在"字段属性"栏中的"输入掩码"框中输入"00000000"，结束输入掩码的设置。

③ 保存并退出"设计视图"，在数据库窗口中打开"学生"表，输入一条新记录，可看到"学号"字段的效果。

例 2-8　为"教师"表的"出生日期"字段设置"短日期"掩码。

具体操作步骤如下。

① 打开"学生成绩管理"数据库，选择"表"对象中的"教师"表，在右击弹出的快捷菜单中单击"设计视图"命令，打开"教师"表的"设计视图"。

② 在"设计视图"中选择"出生日期"字段，单击"字段属性"栏中的"输入掩码"框右边的向导按钮，弹出"输入掩码向导"对话框，如图 2-22 所示。

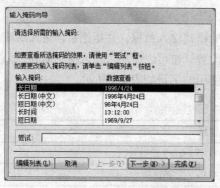
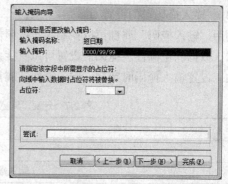

图 2-22 "输入掩码向导"对话框（一）　　　　图 2-23 "输入掩码向导"对话框（二）

③ 在"输入掩码"列表中选择"短日期"类型，单击"下一步"按钮，弹出如图 2-23 所示的对话框窗口，在此可设置占位符为"-"，单击"完成"按钮，结束输入掩码向导的设置。

④ 保存并退出"设计视图"，在数据库窗口中打开"教师"表，输入一条新记录，可看到"出生日期"字段的效果。

"输入掩码向导"只为文本型和日期/时间型的字段提供向导，其他数据类型的字段没有向导帮助。

　　　　如果某个字段既设置了"格式"属性又设置了"输入掩码"属性，在显示时"格式"属性的设置优先于"输入掩码"的设置。

（4）"标题"的设置

"标题"用于指定该字段的别名，并作为"数据表视图"、窗体和报表中的显示名称。"标题"用于显示字段名称，并不改变原来的字段名称。

（5）默认值的设置

默认值属性可以指定一个常用的输入值，该值在新建记录时会自动输入字段中，可以减少输入的工作量。当用户在表中添加记录时，既可以接受该默认值，也可以输入其他值。例如，可以为"学生"表中的"性别"字段设置一个默认值"男"。

　　　　属性设置时除汉字之外，均在英文状态下输入。对于文本型或备注型字段，应该使用英文双引号将设置的值括起来。对于日期/时间型的字段，使用"#"将设置值括起来。

（6）有效性规则和有效性文本的设置

"有效性规则"属性指定对输入记录中的字段数据必须满足的条件。"有效性文本"指输入数据不符合有效性规则时所显示的提示信息。当输入的数据违反了"有效性规则"的设置时，将显示出"有效性文本"设置的提示信息。设置有效性规则和有效性文本，可以保证数据输入的正确性。

例 2-9　为"成绩"表的"成绩"设定一个取值范围 0～100，如果输入数据不在此范围内，则显示提示信息为"请输入正确的成绩！"。

具体操作步骤如下。

① 打开"学生成绩管理"数据库，选择"表"对象中的"成绩"表，在右击弹出的快捷菜单中单击"设计视图"命令，打开"成绩"表的设计视图。

② 在"设计视图"中选择"成绩"字段，单击"字段属性"栏中的"有效性规则"框右边的向导按钮，弹出输入有效性规则的"表达式生成器"窗口，在窗口中输入">=0 and <=100"，

单击"确定"按钮。

③ 在"有效性规则"下面的"有效性文本"框中输入"请输入正确的成绩!"。

④ 保存并退出"设计视图"。

完成以上设置后,如果输入的成绩不在 0~100 范围内,系统将会显示"请输入正确的成绩!",作为出错的提示信息。

(7)必需

"必需"属性指定该字段中是否必须有值。若该属性设为"是",则在记录中输入数据时,必须在该字段中输入非空数值。若允许该字段数据为空值,则将该属性设为"否"。无论该属性设置与否,主键和唯一索引字段都不允许取空值。

(8)允许空字符串的设置

该属性仅对指定为"文本"型的字段有效,其属性值仅取"是"和"否"两种。当取值为"是"时,该字段可以填写空字符串。空字符串就是"",这个数据对 Access 而言不是空白,而是字符串,空值是 Null。

(9)索引的设置

索引有助于快速查找和排序记录。它是在表中对一个或多个列的值进行排序的结果。表的索引如同书的目录,表的索引可以按照一个或一组字段值的顺序对表中记录的顺序(逻辑顺序)进行重新排列,从而加快数据查询的速度。

索引既可以基于单个字段来创建,也可以基于多个字段来创建。索引属性有 3 个选项。

① "无",默认值,表示该字段无索引。

② "有(有重复)",表示该字段有索引,并且索引字段的值可以重复。

③ "有(无重复)",表示该字段有索引,并且不允许索引字段的值有重复。

系统对主键字段自动建立索引。

建立索引需要额外的存储开销,所以通常在数据量比较大的情况下,对经常查询或排序的字段建立索引。索引在更改或添加记录时会自动更新。

可以在表设计视图中或"索引"窗口添加或删除索引。

(10)Unicode 压缩的设置

该设定指定是否允许对"文本""备注""超链接"字段中的数据进行 Unicode 压缩,目的是为了节约存储空间。

(11)输入法模式的设置

输入法模式有多个选项,Access 系统根据字段类型自动设置,也可以自行设置。常用的有"开启"和"关闭"选项。若设置为"开启",则在表中输入数据时,该字段获得焦点,将自动打开设定的输入法。

若字段类型为"文本",则系统会自动启动中文输入法,此时属性为"开启"。若是电话等字段,虽是文本,却不需要中文输入法,建议针对此类字段,关闭中文输入法。

2. 查阅属性的设置

"查阅"选项卡中只有一个"显示控件"属性。该属性包含本字段可用控件的下拉列表,为文本和数字类型字段提供了"文本框"(默认值)、"列表框"、"组合框"等 3 个预定义值,为"是/否"类型的字段也提供了 3 个预定义值,即"复选框"(默认值)、"文本框"和"组合框"。设置此属性和其他相关控件的类型属性都会影响字段数据在"数据表"视图和"窗体"视图中的显示及操作方式。

使用"查阅向导"数据类型也可以间接设置查阅属性。

例 2-10 将"学生"表中的"政治面貌"字段设置为"查阅向导"类型。

具体操作步骤如下。

（1）打开"学生成绩管理"数据库，选择"表"对象中的"学生"表，单击右键弹出快捷菜单，选择"设计视图"命令，打开"学生"表的"设计视图"。

（2）选择"政治面貌"字段，在数据类型选择列表中单击"查阅向导"，弹出"查阅向导"对话框窗口（一），如图 2-24 所示。

（3）选择"自行键入所需的值"单选按钮，单击"下一步"按钮，进入"查阅向导"对话框窗口（二），如图 2-25 所示。

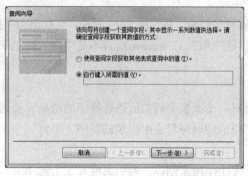

图 2-24 "查阅向导"对话框（一）

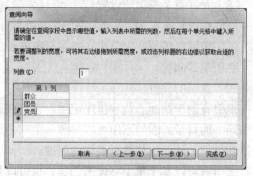

图 2-25 "查阅向导"对话框（二）

（4）依次输入"群众""团员""党员"，然后单击"下一步"按钮，进入"查阅向导"对话框窗口（三），如图 2-26 所示。

（5）定义查阅列标签名为"政治面貌"，单击"完成"按钮。

（6）保存并退出"设计视图"。

（7）输入数据。在数据库窗口中打开"学生"表的"数据表视图，输入记录时，单击"政治面貌"字段的下三角按钮，将出现下拉列表框，选择所需值即可，如图 2-27 所示。接着输入图 2-27 所示的全部数据。

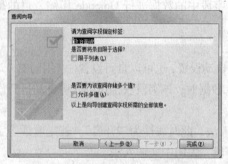

图 2-26 "查阅向导"对话框（三）

图 2-27 查阅向导效果显示

2.2.4 表结构的修改

对于初学者来说，很难一次把表设计成功，常常需要对表结构进行修改。修改表的结构主要包括插入字段、修改字段、删除字段、移动字段、追加字段、修改字段的属性等操作。

在数据库窗口中"对象"下面的"表"对象中单击需要修改的表，单击右键弹出快捷菜单，选择"设计视图"命令。以下操作均在表的设计视图中进行。

1. 插入字段

要在某字段之前插入一个新字段，把鼠标移到这个字段上，使其成为当前字段。在"设计视图"下单击功能区"设计"选项卡下"工具"组的"插入行"按钮，Access 将在当前字段之前插入一个空字段。在新的一行中输入字段名、数据类型和字段宽度。或者在数据表视图下选中该字段并单击右键，在弹出的快捷菜单中选择"插入字段"命令，在"字段"选项卡下"属性"组中设置相应的属性。

2. 修改字段

单击字段所在的行，输入修改内容。在表的"设计视图"中，可以直接修改字段的名称和数据类型，对于文本和数字类型的字段，还可以修改字段的大小。如果字段中已经存储了数据，则修改字段类型或将字段的长度由大变小后，可能会造成数据的丢失。

3. 删除字段

选择要删除的一个或多个字段，单击"设计视图"中的行选择器来选择需要删除的字段，然后按 Delete 键删除；或选择"设计"选项卡下"工具"组中的"删除行"按钮；或将光标移到要删除的字段，单击鼠标右键，在弹出的快捷菜单中选择"删除行"命令，如图 2-28 所示。

关系中涉及的字段是不能被删除的。如果要删除关系中涉及的字段，则弹出图 2-29 所示的对话框，删除失败。

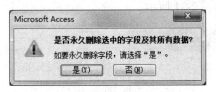

图 2-28　删除字段行时消息框　　　　　　图 2-29　删除带有关系字段行时的消息框

4. 移动字段

单击需要移动的字段前的字段选定器，按住鼠标左键拖动到相应的位置后，松开鼠标。

5. 追加字段

单击字段最后面的第一个空行，输入字段名、数据类型和字段属性。

例 2-11　在"成绩"表的末尾追加一个字段"教师号"。

具体操作步骤如下。

（1）打开"学生成绩管理"数据库，在"表"对象中选中"成绩"表，右键单击弹出快捷菜单，选择"设计视图"命令，进入表的"设计视图"。

（2）把光标定位到"成绩"列的下一空白行，输入字段名"教师号"，并指定数据类型为"文本"，字段大小为"3"，如图 2-30 所示。

（3）保存并关闭"成绩"表。

6. 修改字段的属性

进入表的设计视图可以修改字段的属性。

例 2-12　修改"成绩"表的表结构，将"学号"字段修改为文本型、字段长度为 8，将"课程号"字段修改为文本型、字段长度为 2。

具体操作步骤如下。

图 2-30 "教师号"的追加

（1）在"学生成绩管理"数据库的"表"对象中，选中"成绩"表，单击右键弹出快捷菜单，选择"设计视图"命令，进入表的"设计视图"。

（2）修改"学号"字段的属性。单击"学号"字段，然后将数据类型改为"文本"，在字段属性栏中，设置"字段大小"为 8。

（3）用同样的方法修改"课程号"字段的属性，如图 2-31 所示。

图 2-31 字段属性的修改

2.2.5 表的打开和关闭

1. 打开表

在 Access 中打开一个数据库后，打开表的操作步骤如下。

（1）选择导航窗格上的数据库对象列表中的"表"。

（2）在展开的表对象列表中双击要打开的表，或者右击要打开的表，弹出的快捷菜单如图 2-32 所示，在快捷菜单中单击"打开"命令即可在一个新的选项卡显示该表的"数据表视图"。

图 2-32 打开快捷菜单

（3）如果要修改表结构，右击选定的表对象，在弹出的快捷菜单上选择"设计视图"命令。

2. 关闭表

关闭表的方法与关闭数据库相同。如果只关闭"表"窗口（即"数据表视图"右上角的"关闭"按钮），则该表并未真正退出所属的数据库。

2.3 操作表

2.3.1 编辑数据

表的结构建好后，大量的工作就是在表中输入数据、删除数据、插入数据、复制和移动数据等一系列的操作。"数据表视图"如图 2-33 所示。

学号	姓名	性别	班级	高考成绩	籍贯	政治面貌	简历	照片
07403008	欧阳平	男	生物0702	572	广东	团员		
07403106	宋爱红	女	生物0701	567	山东	群众		
07403116	刘飞	男	英语0701	541	山西	团员		位图图像
07403118	马鹏伟	男	英语0701	581	山西	团员		
08402144	郑乔嘉	男	经济0801	573	辽宁	群众		
08405118	刘欢亚	女	中文0801	586	四川	团员		
08405130	王乐君	女	中文0801	556	新疆	团员		
08406101	白华	女	历史0801	564	陕西	团员		
08406117	令狐明	男	历史0801	553	云南	群众		
09403107	郭艳芹	女	英语0901	574	河南	团员		
09403114	张苗平	女	物理0902	566	陕西	团员		
12070101	叶路云	女	化学1201	548	四川	团员		
12070103	焦锡鉴	男	英语1202	575	山西	群众		
12070126	戚韶岩	男	体育1201	562	江西	团员		
12070214	陈乔	女	物理1201	569	陕西	团员		

图 2-33 "数据表视图"示例

表的最左边的一列称为"行选定栏"。左上角的第一个小方框是"表数据选定器"，以下每个小方框是"记录选定器"。铅笔 $\mathscr{J}$ 表示该行正在输入或修改数据，星号 ✳ 表示待输入新记录。最下面一行是记录定位导航器，显示当前表记录状态。以下操作均在"数据表视图"中进行。

1. 输入数据

Access 中数据的输入方法与 Excel 类似。首先将光标定位到要输入数据的字段，然后输入数据，每输入完一个字段值按 Enter 或 Tab 键转至下一个字段。

输入 OLE 字段的操作与 Excel 中的略有不同。例如，在"学生"表中输入"照片"字段的值，具体操作步骤如下。

（1）首先将光标指向该记录的"照片"字段列，单击鼠标右键，弹出快捷菜单，如图 2-34 所示。

图 2-34　快捷菜单

（2）选择"插入对象（J）…"命令，打开"插入对象"对话框，如图 2-35 所示。

（3）选择"由文件创建"选项，如图 2-36 所示，通过"浏览"按钮查找照片文件所在的位置，单击"确定"按钮即可。

图 2-35　"插入对象"对话框

图 2-36　"由文件创建"对话框

也可选择"新建"选项，然后在"对象类型"列表框中选择"画笔图片"，单击"确定"按钮，屏幕显示"画图"程序窗口，如图 2-37 所示。选择"主页"→"粘贴来源"命令，打开图 2-38 所示的"粘贴来源"对话框。在"查找范围"中找到存放图片的文件夹，并打开所需的照片文件，关闭"画图"程序窗口，此时第一条记录的照片字段已有内容，如图 2-39 所示。

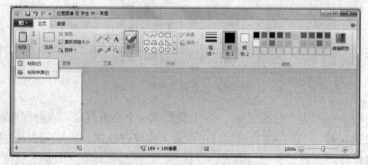

图 2-37　"画图"程序窗口

图 2-38 "粘贴来源"对话框

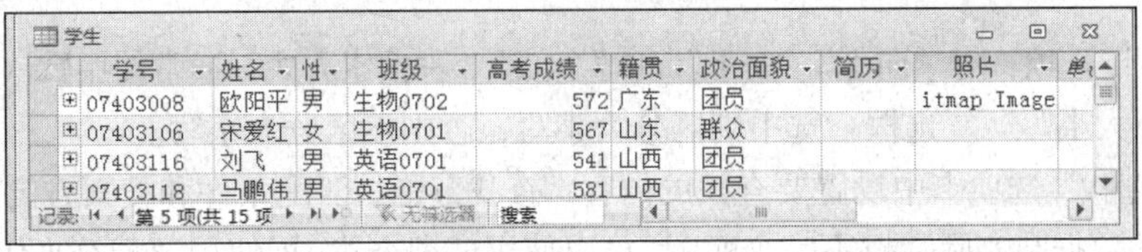

学号	姓名	性	班级	高考成绩	籍贯	政治面貌	简历	照片	单
07403008	欧阳平	男	生物0702	572	广东	团员		itmap Image	
07403106	宋爱红	女	生物0701	567	山东	群众			
07403116	刘飞	男	英语0701	541	山西	团员			
07403118	马鹏伟	男	英语0701	581	山西	团员			

记录: ◄ ◄ 第 5 项(共 15 项) ► ► ◄ 无筛选器 搜索

图 2-39 "学生"表内容

2. 删除数据

若要将原表中不需要的记录删除，可单击"记录选定器"选中要删除的记录，单击鼠标右键弹出快捷菜单，从中选择"删除记录"命令；或单击"开始"选项卡上的"记录"组的"删除"按钮 ；或按 Delete 键。若要删除连续多条记录，可按住 Shift 键选中多条记录，再执行删除操作。删除的记录不能再恢复，因此 Access 2010 会弹出一个删除确认对话框，避免误删数据。

3. 插入数据

向表中添加记录的方法比较简单，首先进入表的"数据表视图"，把光标直接定位到表记录最后，使其成为当前记录（有一个 标志）后，直接输入数据即可。

4. 复制和移动数据

当输入的数据与已有数据值相同时，可以采用复制、粘贴的操作方式来取代逐字输入。若要复制字段数据，首先选中需要复制的数据，再单击右键，弹出快捷菜单，选择"复制"命令，然后选中需要得到复制数据相同大小的数据区域，最后单击右键，弹出快捷菜单，选择"粘贴"命令即完成字段数据的复制操作。

移动数据与复制数据操作步骤的差别仅在于第二步。移动数据时的第二步为：单击右键，弹出快捷菜单，选择"剪切"命令。

2.3.2 查找与替换数据

数据库中的表里常常存储着大量的数据。当查找或替换需要的特定信息时，可使用 Access 提供的查找和替换功能。

1. 通过定位导航器查找记录

如果已知要查找的数据所在的记录号，可通过定位导航器查找。例如，要查找"学生"表中的第 3 条记录，可在记录定位导航器 记录: ◄ 第 1 项(共 15 项) ► ► ◄ 中的"当前记录"文本框中输入记录号"3"，按 Enter 键，光标即可定位在第 3 条记录上。

2. 通过"查找和替换"对话框查找指定内容

如果不知道要查找的记录所在的记录号，可以使用"查找和替换"对话框来进行查找。

例2-13 查找"学生"表中"白华"的数据。

具体操作步骤如下。

（1）在"数据表视图"中打开"学生"表，将光标定位于要查找的数据所在的字段内。

（2）单击"开始"选项卡中"查找"组的"查找"按钮 🔍，将弹出"查找和替换"对话框，对话框的当前选项卡为"查找"选项卡。

"查找和替换"对话框中的"查找"选项卡的属性如下。

① "查找内容"文本框：在此文本框中输入要查找的内容。

② "查找范围"选项：可选择当前字段或当前文档。

③ "匹配"选项：有"字段任何部分""整个字段"和"字段开头"3个选项，默认项是"整个字段"。

④ "搜索"选项：有"向上""向下"和"全部"3种搜索方式，通常使用默认选项"全部"。

⑤ "区分大小写"复选框：选中则区分大小写，否则不区分大小写。

（3）在"查找"选项卡中设置要查找的内容、查找范围、匹配条件和搜索方向，如图2-40所示。如果查找的数据与实际数据不完全匹配，可以使用模糊查找（即使用通配符来代替某些字符）。此处输入要查找的内容"白华"。

（4）单击"查找下一个"按钮，将查找指定的数据，并将找到的数据高亮显示。继续单击"查找下一个"按钮，直到查找完毕。

（5）如果没有找到要查找的内容，则直接弹出图2-41所示的警示信息。

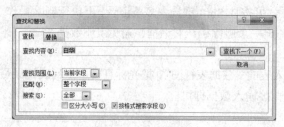

图2-40 "查找"选项卡

图2-41 警示信息对话框

3. 替换数据

如果需要修改表中多处相同的数据，逐个修改既麻烦又浪费时间，还容易遗漏。使用"替换"功能可以自动查找所有需要修改的相同数据并用新的数据替换它们。

在数据表视图下，单击功能区"开始"选项卡上的"查找"组中的"替换"按钮，打开"查找和替换"对话框。对话框的当前选项卡为"替换"选项卡，在"查找内容"框中输入要查找的内容，然后在"替换为"文本框中输入要替换的内容，单击"查找下一个"按钮；若单击"替换"按钮，数据将被替换，然后等待下一次查找或替换；若单击"全部替换"按钮，弹出图2-42所示的警告信息，选择"是"按钮，则将所有查找到的符合条件数据全部替换。

图2-42 全部替换警示信息

2.3.3 调整表的外观

在操作或浏览数据时，有时需要重新对数据表格式进行设置，使数据表更加美观、大方，易于浏览和查看数据。数据表的格式主要包括字体、颜色、行高、列宽、隐藏列、冻结列、单元格效果、网格线显示方式、背景色、边框、线条样式等。

1. 设置数据格式

在"数据表视图"下打开欲设置格式的表，单击"开始"选项卡，在"文本格式"组中选择希望得到的字体、字形、字号等，如图 2-43 所示。

2. 表格样式的设定

单击"开始"选项卡的"文本格式"组右下角的按钮，打开"设置数据表格式"对话框，如图 2-44 所示，在此对话框中可以设置单元格效果、网格线显示方式、背景色、网格线颜色、边框、线条样式等。

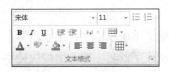

图 2-43　"文本格式"组　　　　　　　　　　图 2-44　设置数据表格式

3. 用两种不同的方式设置数据表的行高和列宽

（1）手动调节行高或列宽。

将光标移至两个记录（或字段）的交界处，光标就会变成↕（或↔）形式，按住鼠标左键不放，上下（或左右）拖曳，即可改变表的行高（或列宽）。

（2）使用参数设定行高和列宽。

手动调节只能进行行高和列宽的粗略调节。如果想精确指定行高和列宽，则需要使用参数来设置。将光标移至表中需要设置的行（或列）中任意一处，右击该行记录选定器（或列字段），弹出快捷菜单，单击该快捷菜单中的"行高"（或"字段宽度"）命令即可弹出"行高"（或"列宽"）对话框窗口，如图 2-45 所示。

图 2-45　"行高"和"列宽"对话框

输入一个行高（或列宽）参数即可得到对应的行高（或列宽），选定"标准高（或宽）度"得到默认的行高（或列宽），单击"最佳匹配"按钮得到与该字段宽度相匹配的列宽，然后单击"确定"按钮完成设置。

4. 隐藏列

在浏览数据时，若数据表中的字段太多，则可将某些暂时不重要的字段隐藏起来。单击选中需要隐藏列的字段名，单击右键，在弹出的快捷菜单中单击"隐藏字段"命令即可，如图2-46所示。如果想把隐藏的列重新显示出来，右击任意列字段名，在弹出的快捷菜单中单击"取消隐藏字段"命令，显示"取消隐藏列"对话框，选中需要显示的列，如图2-47所示。

图2-46 "隐藏字段"命令

图2-47 "取消隐藏列"对话框

5. 冻结列

若字段很多，一屏显示不下，则必须通过拖动滚动条才能看到。而若想某些列总能看到，则可将其冻结，即在滚动字段时，这些列在屏幕上总是固定不动的。

首先选定要冻结的列名，然后右击列名，在弹出的快捷菜单中单击"冻结字段"命令，则当滚动字段时，冻结的列始终显示在固定的位置上。右击任意列字段名，在弹出的快捷菜单中单击"取消冻结所有字段"命令，可将其解冻。

2.3.4 记录排序

在数据表记录添加后，可以对表中的数据进行排序操作，以便更有效地查看和浏览数据记录。数据的排序就是将数据按照一定的逻辑顺序排列。数据的排序方式有升序排列和降序排列两种。常见的排序有基于一个字段的简单排序、基于多个相邻字段的简单排序和高级排序3种。

1. 基于一个字段的简单排序

在"数据表视图"中，单击排序字段所在列的任意一个数据单元格，然后单击功能区"开始"选项卡中"排序和筛选"组中的升序按钮或降序按钮，或直接单击排序字段右侧的下拉箭头，在弹出的下拉菜单中单击"升序"或"降序"命令即可。

单击功能区"开始"选项卡中"排序和筛选"组的"取消排序"按钮，可以恢复原来的记录顺序。

2. 基于多个相邻字段的简单排序

在"数据表视图"中，单击用于排序的第一字段，按住Shift键，再单击相邻的第二排序字段，依次类推，然后单击功能区"开始"选项卡的"排序和筛选"组中的升序按钮或降序按钮即可。

如果排序的列不相邻，需要先移动这些列使它们相邻（拖动列即可改变列的位置）。在"数据表视图"中改变字段的前后顺序，不会影响它们在表结构中的位置。

3. 高级排序

高级排序可以对多个不相邻的字段按不同的方式进行"升序排序"或"降序排序"。

例2-14 将"学生"表中的数据按班级升序排列，同一个班级的学生按政治面貌降序排列。具体操作步骤如下。

（1）在"学生"表的"数据表视图"中，单击功能区"开始"选项卡中"排序和筛选"组的"高级"按钮，在弹出的列表中选择"高级筛选／排序"命令，打开排序设置窗口，如图 2-48 所示。

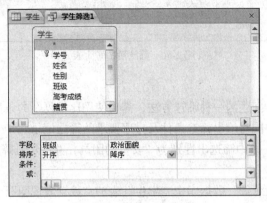

图 2-48　记录的高级排序

（2）在"字段"下拉框中分别选中要排序的字段"班级"和"政治面貌"，在"排序"下拉框中分别选中"升序""降序"选项。设置完成后，选择"高级"→"应用筛选/排序"按钮或工具栏上的"切换筛选"按钮，Access 系统将按照设定完成记录的排序。

2.3.5　记录筛选

记录筛选就是在众多数据记录中只显示那些满足某种特定条件的数据记录。Access 2010 提供了 3 种筛选方法：按选定内容筛选、按窗体筛选和高级筛选。

1. 按选定内容筛选

按选定内容筛选就是将当前位置的内容作为条件进行筛选。在"数据表视图"中打开所需的表，选择记录中要参加筛选的一个字段中的全部或部分内容，单击"开始"选项卡上的"排序和筛选"组的"选择"命令，在打开的下拉菜单中选择相应操作，便可得到筛选结果。

2. 按窗体筛选

按窗体筛选是在"按窗体筛选"对话框中指定条件进行筛选操作。当筛选条件较多时，采用按窗体筛选。如果条件之间是"与"的关系，那么条件与条件应设在同一行。如果条件之间是"或"的关系，那么条件与条件之间应设在不同行。

例 2-15　在"学生"表中筛选出所有"英语 0701"班"男"性的数据记录。

具体操作步骤如下。

（1）打开"学生成绩管理"数据库中的"学生"表的"数据表视图"。

（2）选择"开始"→"排序和筛选"组"高级"按钮，在打开的下拉菜单中单击"按窗体筛选"，打开"按窗体筛选"设计窗口。

（3）在"按窗体筛选"窗口中的"班级"下边单元格选择"英语 0701"。

（4）在"按窗体筛选"窗口中的"性别"下边单元格选择"男"，如图 2-49 所示。

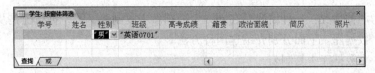

图 2-49　"按窗体筛选"窗口

（5）单击"排序和筛选"组中的"切换筛选"按钮，按窗体筛选的结果如图2-50所示。

图 2-50 筛选后的学生表

3. 高级筛选

高级筛选是处理复杂问题的一种筛选方法，需要使用比较复杂的条件表达式。该功能允许用户在一个"筛选"窗口中同时给出筛选条件及排序要求的筛选记录。

例 2-16 在"学生"表中筛选出性别为"女"的团员，并按学号降序排列。

具体操作步骤如下。

（1）打开"学生成绩管理"数据库中"学生"表的"数据表视图"。

（2）选择"开始"→"排序和筛选"组的"高级"按钮，在打开的下拉菜单中单击"高级筛选/排序"命令。

（3）在"筛选"窗口下方的设计网格中，"字段"行第1列的单元格中选择"学号"字段。在"排序"行第1列的单元格选择"降序"。

（4）在"字段"行第2列的单元格中选择"性别"字段，在"条件"行第2列的单元格中输入"女"。

（5）在"字段"行第3列的单元格中选择"政治面貌"字段，在"条件"行第3列的单元格中输入"团员"，如图2-51所示。

（6）单击"排序和筛选"→"切换筛选"命令，系统会按照"筛选"窗口中所设置的筛选条件筛选数据记录，筛选结果如图2-52所示。

图 2-51 筛选窗口

图 2-52 筛选后的学生表

2.3.6 表的复制、删除与重命名

表建立完毕后，还可以对表进行复制、删除和重命名操作。

1. 复制表

复制表分为两种情况：一种情况是在同一个数据库中复制表，另一种情况是从一个数据库中复制表到另一个数据库。下面分别介绍这两种方法。

（1）在同一个数据库中复制表

打开一个 Access 2010 数据库，在数据库"设计视图"中选中需要复制的表，单击"开始"

选项卡上"剪贴板"组中的"复制"按钮，然后单击"剪贴板"组中的"粘贴"按钮，弹出"粘贴表方式"对话框，如图 2-53 所示。

图 2-53　"粘贴表方式"对话框

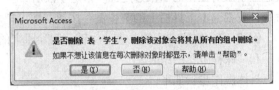

图 2-54　"是否删除表"的对话框

在"粘贴选项"中选择一种粘贴方式，在"表名称"中为复制的新表命名，单击"确定"按钮即可完成复制表的操作。粘贴方式有以下 3 种。

① 仅结构：只是将选中的表的结构复制，形成一张空表。

② 结构和数据：将选中的表连同结构及其全部数据记录一起复制，形成一个与原表完全相同的新表。

③ 将数据追加到已有的表：将选中的表的全部数据记录追加到一个已经存在的表中，此处要求已经存在的表的结构和被复制的表的结构完全相同，才能保证复制数据的正确性。

（2）从一个数据库中复制表到另一个数据库

打开需要复制的表所在的数据库并选中该表，单击"开始"选项卡上"剪贴板"组的"复制"按钮，然后关闭这个数据库。打开要复制到的目标数据库，然后单击"剪贴板"组中的"粘贴"按钮，系统弹出"粘贴表方式"对话框，操作如（1）所示。

2. 删除表

当确认某个表不再有用时，可以将它删除。若要删除表，首先要删除该表上的所有关系，并关闭要删除的表，然后在导航窗格中单击"表"，展开表对象的列表，右击需要删除的表，从弹出的快捷菜单中选择"删除"命令或按 Delete 键，弹出"是否删除表"的对话框，如图 2-54 所示。单击该对话框中的"是"按钮，便可删除该表。

3. 重命名表

首先关闭需要重命名的表，然后在导航窗格中单击"表"，展开表对象的列表，右击需要重命名的表，从弹出的快捷菜单中选择"重命名"命令，输入表的新名称，再按 Enter 键。

重命名后的表失去了原表所有的关联，也会影响到已使用该表的其他对象。因此不要轻易修改表的名称。

2.4　数据完整性

关系数据库的完整性控制机制允许定义三类完整性，分别为实体完整性、参照完整性和域完整性，其中，实体完整性和参照完整性是关系数据库必须满足的完整性约束条件。

2.4.1　实体完整性与主键

实体完整性是针对基本关系而言的。关系数据库以主键作为唯一性标识。主键也称为主关键字，不能取空值，不能取重复值。

定义主键时，可以指定一个或多个字段的组合作为主键。如果只选择一个字段作为主键，那么单击字段所在行的字段选定器。如果需要选择一组字段作为主键，可先按下 Ctrl 键，再依次单击这些字段所在行的字段选定器。指定字段后，单击鼠标右键，在弹出的快捷菜单中选择"主键"命令，或者单击工具栏上的"主键"按钮，即可把所选字段或字段组设为表的主键。

例 2-17 修改"成绩"表的主键。删除原来的字段"ID"，将"成绩"表的主键修改为"学号"和"课程号"的组合。

具体操作步骤如下。

（1）在"学生成绩管理"数据库的"表"对象中，选中"成绩"表，在右击弹出的快捷菜单中单击"设计视图"命令，打开表设计器。

（2）删除字段"ID"。在"ID"字段前面的小方框（行选择器）上单击右键，在弹出的快捷菜单中选择"删除行"命令，删除字段"ID"。

（3）修改主键。在"学号"字段前面的小方框（行选择器）上单击并拖动鼠标到"课程号"字段，然后点击"设计"选项卡上"工具"组的"主键"按钮，"学号""课程号"字段的行选择器按钮上会出现小钥匙。这时"学号"和"课程号"被设置为主键，如图 2-55 所示。

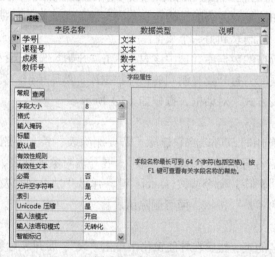

图 2-55　设置主键

使用同样的方法设置"教师"表的主键为"教师号"，并删除"ID"字段。

2.4.2　参照完整性与表之间的关联

参照完整性实现了关系之间的联系，即数据表之间的联系。在 Access 2010 数据库中，每个表都是数据库的一部分，表与表之间是相互独立存在的。只有通过各个表的某些字段，表与表之间才能建立起关系。

1．表之间的 3 种关系

表之间存在 3 种对应关系，即一对一、一对多、多对多关系。

（1）一对一关系

对于数据表 A 和数据表 B，如果 A 表中的一个记录仅能与 B 表中的一个记录匹配，同样，B 表中的一个记录也只能对应 A 表中的一个记录，那么 A 表与 B 表之间就是一对一关系。

（2）一对多关系

对于数据表 A 和数据表 B，如果 A 表中的一个记录能与 B 表中的多个记录匹配，B 表中的一个记录只能对应 A 表中的一个记录，那么 A 表与 B 表之间就是一对多关系。例如，"学生"表和"成绩"表存在一对多关系，即每个学生可以有多门课的成绩，两个表之间通过"学号"字段建立关系。

（3）多对多关系

对于数据表 A 和数据表 B，如果 A 表中的一个记录能与 B 表中的多个记录匹配，同样，B 表中的一个记录也能对应 A 表中的多个记录，那么 A 表与 B 表之间就是多对多关系。

2．建立表间的关系

Access 2010 使用参照完整性来确保相关表中记录之间关系的有效性，防止意外删除或更改相关数据。只有符合下列全部条件才可以设置参照完整性。

（1）来自于主表的匹配字段是主关键字段或者具有唯一的索引。

（2）相匹配的字段有相同的数据类型。

（3）相关联的表应该都属于同一个数据库。

在 Access 2010 数据库中，通过定义数据表的关联，可以创建显示多个数据表中数据的查询、窗体和报表等。

在定义表之间的关系前，应先设置表的主键。Access 使用主键和外键将多个表中的数据关联起来，从而将数据组合在一起。关联的表与被关联的表通常使用相同名称的公共字段。这些公共字段是其中一个表的主键，是另一个表的外键。

例 2-18　在"学生成绩管理"数据库中建立各表之间的关系。

具体操作步骤如下。

（1）打开"学生成绩管理"数据库。

（2）单击"数据库工具"→"关系"组的"关系"按钮，打开"关系"布局窗口，弹出"显示表"对话框，如图 2-56 所示。

（3）选中要添加的表，再单击"添加"按钮，或双击要添加的表，这些表被添加到"关系"窗口。如果要在表自身之间建立关系，则需要添加此表两次。这里添加"学生""成绩""课程""教师"表，然后关闭"显示表"对话框，如图 2-57 所示。

图 2-56　"显示表"对话框

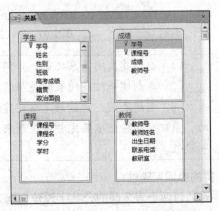

图 2-57　添加到"关系"窗口中的表

（4）建立"学生"与"成绩"之间的一对多关系。从"学生"表中将"学号"字段拖到"成绩"表中的"学号"字段，系统弹出"编辑关系"对话框窗口，如图2-58所示，拖动鼠标时，一般是从一关系拖动到多关系。

（5）检查显示在两栏中的字段名称以确保正确性。根据需要设置关系选项。单击"创建"按钮创建关系。

（6）用同样的方法建立"课程"与"成绩"之间的关系及"教师"与"成绩"之间的关系，结果如图2-59所示。

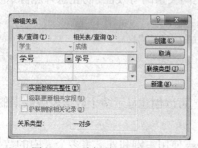

图2-58 "编辑关系"对话框

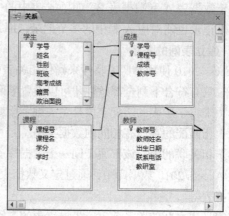

图2-59 "学生成绩管理"数据库的表间关系

表间建立关系后，在主表的"数据表视图"中能看到左边新增了带有"+"的一列，这说明该表与另外的表（子数据表）建立了关系。通过单击"+"按钮可以看到子数据表中的相关记录，如图2-60所示为建立关系后的"学生"表。

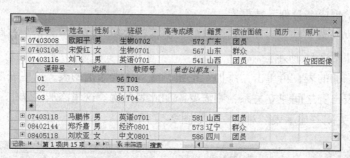

图2-60 建立关系后的"学生"表

（1）在创建表间关系之前，必须要关闭所有的表。

（2）在创建一对多的表间关系时，利用鼠标拖动字段时必须从主表向子表拖动。

（3）创建表间关系最好是在创建好表结构之后，输入数据之前。这样，在输入数据时，系统自动按照参照完整性规则来规范数据的输入，以保证数据的完整性、正确性和一致性。

3. 实施参照完整性

关系是通过两个表之间的公共字段建立起来的。一般情况下，一个表的主关键字是另一个表的字段，因此形成了两个表之间的一对多关系。

在定义表之间的关系时，应设立一些准则。这些准则将有助于数据的完整性。参照完整性就是在输入记录或删除记录时，为维持表之间已定义的关系而必须遵循的规则。如果实施了参照完整性，那么当主表中没有相关的键值时，就不能将该键值添加到相关表中，也不能在相关表中存在匹配的记录时删除主表中的记录，更不能在相关表中有相关记录时，更改主表中的主关键字值。也就是说，实施了参照完整性后，对表中主关键字字段进行操作时系统会自动地检查主关键字字段，看看该字段是否被添加、修改或删除了。如果对主关键字的修改违背了参照完整性的要求，系统会自动强制执行参照完整性。

例 2-19 通过实施参照完整性，修改"学生成绩管理"数据库中 4 个表之间的关系。

具体操作步骤如下。

（1）在例 2-18 的基础上，单击"数据库工具"选项卡上的"关系"按钮，打开"关系"窗口，如图 2-59 所示。

（2）在图 2-59 中，单击"学生"表和"成绩"表间的连线，此时连线变粗，然后在连线处单击右键，弹出快捷菜单，如图 2-61 所示。

（3）选择快捷菜单中的"编辑关系"命令，弹出"编辑关系"对话框，如图 2-58 所示。

（4）在图 2-58 中选择"实施参照完整性"复选框。同样地，设置"课程"与"成绩""教师"与"成绩"之间的参照完整性，保存建立好的关系。这时看到"关系"窗口中的两个数据表之间的线条发生了变化，如图 2-62 所示。

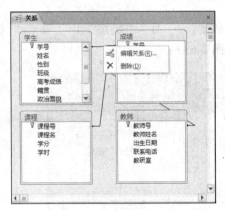

图 2-61　编辑关系

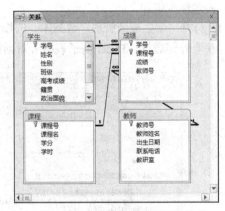

图 2-62　实施参照完整性后的关系

在选择了"实施参照完整性"选项后，"级联更新相关字段"和"级联删除相关记录"两个复选框就可以用了。若选择了"级联更新相关字段"复选框，则当更新主表中主键值时，系统会自动更新相关表中的相关记录的字段值，否则，只要子表有相关记录，主表中该记录就不允许更新。若选择了"级联删除相关记录"复选框，则当删除主表中记录时，系统会自动删除相关表中的所有相关的记录，否则，只要子表有相关记录，主表中该记录就不允许删除。

2.4.3　域完整性

域完整性是根据应用环境的要求和实际的需要，对某一具体应用所涉及的数据提出约束性条件，反映某一具体应用所涉及的数据必须满足的实际要求。这一约束机制一般不应由应用程序提供，而应由关系模型提供给用户定义并检验。用户定义完整性主要包括字段有效性约束和记录有效性约束。

例如，性别属性的取值只能是"男"或"女"。学生的百分制成绩取值范围必须是 0～100。

在 Access 中，域完整性的实现可以通过设置字段的"有效性规则"等属性来实现。

2.5　数据的链接、导入与导出

利用数据的导入、导出功能，可以将外部数据源，如文本文件、HTML 文档、Excel、Microsoft FoxPro、SQL Server 数据库等的数据，直接添加到当前的 Access 数据库中，或者将 Access 数据库中的数据复制到其他格式的数据文件中。链接功能是将数据库保留在其当前的位置上，以当前的格式使用但不导入。

2.5.1　数据的导入

导入是将其他格式的数据导入到新的 Microsoft Access 表中或现有的 Access 表中。这是一种将数据从不同格式转换并复制到 Access 中的方法。导入数据源的文件类型包括 Microsoft Access 数据库、Excel 文件（.xls）、IE（HTML）、dBASE、文本文件等。

例 2-20　将"D:\学生成绩管理"目录下的"教师.xlsx"文件导入到"学生成绩管理"数据库的"教师"表中。

具体操作步骤如下。

（1）打开"学生成绩管理"数据库，选择"外部数据"→"导入并链接"组的"Excel"按钮，打开"获取外部数据 - Excel 电子表格"对话框，如图 2-63 所示。

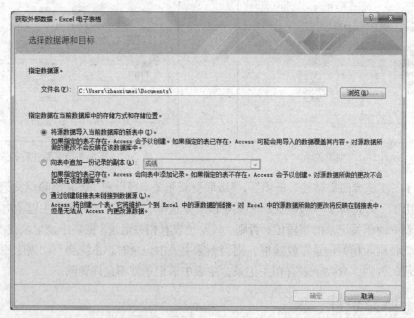

图 2-63　"获取外部数据 - Excel 电子表格"对话框

（2）单击"浏览"按钮，选定导入数据文件的位置为"D:\学生成绩管理"，选择文件名"教师.xlsx"，然后单击"打开"按钮；单击"向表中追加一份记录的副本"单选按钮，并在其右侧的下拉列表框中选定"教师"表，如图 2-64 所示。

（3）单击"确定"按钮，弹出"导入数据表向导"对话框，如图 2-65 所示。

（4）单击"下一步"按钮，显示如图 2-66 所示的对话框，选中"第一行包含列标题"复选框。

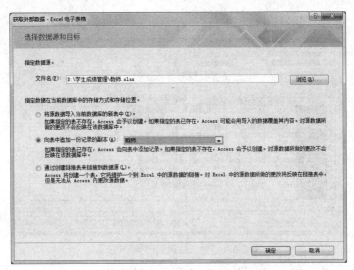

图 2-64　设定数据源和目标

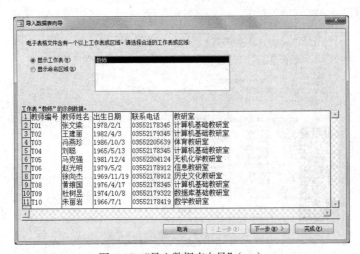

图 2-65　"导入数据表向导"（一）

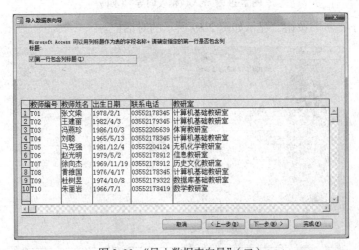

图 2-66　"导入数据表向导"（二）

（5）单击"下一步"按钮，显示如图 2-67 所示的对话框。此处跳过，不导入字段。

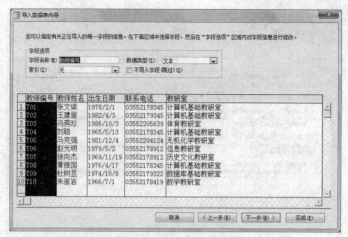

图 2-67　"导入数据表向导"（三）

（6）单击"下一步"按钮，显示如图 2-68 所示的对话框，选择"我自己选择主键"，选择教师编号作为主键。

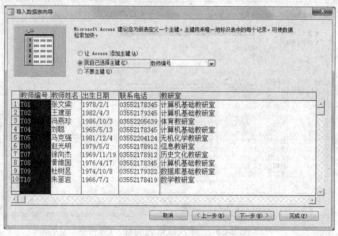

图 2-68　"导入数据表向导"（四）

（7）单击"下一步"按钮，显示如图 2-69 所示的对话框。

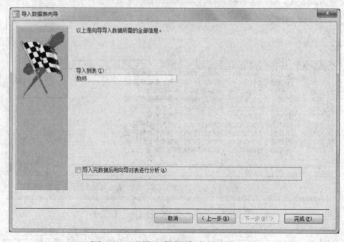

图 2-69　"导入数据表向导"（五）

（8）在"导入到表:"下边的文本框中已默认输入表名"教师"，单击"完成"按钮，显示"保存导入步骤"对话框，如图 2-70 所示。

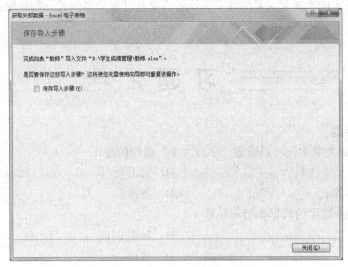

图 2-70 "保存导入步骤"对话框

（9）单击"完成"按钮，完成数据的导入。

2.5.2 链接外部数据

链接外部数据的操作与表的导入操作基本相同，即打开数据库，单击"外部数据"选项卡上的"导入并链接"组的相应按钮，打开"获取外部数据"对话框，选定要链接的文件及相关选项后，便可在当前数据库中建立一个与外部数据链接的表。

链接数据表对象与导入形成的数据表对象是完全不同的。导入形成的数据表对象就如同在 Access 数据库设计视图中新建的数据表对象一样，是一个与外部数据源没有任何联系的 Access 表对象。而链接数据表对象则不同，其只是在 Access 数据库内创建了一个数据表链接对象，允许在打开链接时从数据源获取数据，也就是说，数据本身并不在 Access 数据库内，而是保存在外部数据源内。

2.5.3 数据的导出

导出数据是将 Access 数据库中的表复制到其他数据格式的文件中，其操作步骤为：选定数据库窗口中要导出数据的表，单击"外部数据"选项卡上的"导出"组的相关按钮，打开"导出"对话框，指定导出目标文件存放的路径、文件类型及目标文件名称，单击"确定"按钮即可。

小 结

本章介绍了 Access 2010 中数据库及数据表的创建、维护等基本操作。表是数据库的基础，也是 Access 中其他对象的数据源。表设计的好坏直接影响着整个数据库系统功能能否实现。

通过本章的学习，读者应该了解表的一些基础知识，包括表的构成、字段的类型、字段的属性、主键、索引等，掌握表的创建和维护等基本操作，学会创建和删除表间的关系，并能对数据记录进行排序和筛选等操作。本章内容中，重点是数据库和表的创建和使用，难点是表结构的抽象和设计、表间关系的含义和关系的建立。读者需要通过多个实例的分析和设计，才能很好地掌握上述内容。

习 题 2

一、单项选择题

1. 在下列数据类型中，可以设置"字段大小"属性的是（　　）。

    A. 文本
          B. 货币

    C. 日期/时间
       D. 备注

2. Access 2010 提供的数据类型不包括（　　）。

    A. 文字
          B. 日期/时间

    C. 备注
          D. 货币

3. 下列有关建立索引的说法中不正确的是（　　）。

    A. 可以基于单个字段创建，也可以基于多个字段创建

    B. 可以加快所有操作查询的执行速度

    C. 可以快速地对数据表中的记录进行查找或排序

    D. 可以对所有的数据类型建立索引

4. 以下不属于 Access 中的数据类型的是（　　）。

    A. 文本型
        B. 图表型

    C. 数字型
        D. 自动编号型

5. 在 Access 数据库中，表就是（　　）。

    A. 记录
          B. 关系

    C. 索引
          D. 数据库

6. 表的"设计视图"包括两个区域：字段输入区和（　　）。

    A. 格式输入区
          B. 数据输入区

    C. 字段属性区
          D. 页输入区

7. 字段的属性设置在表的（　　）完成。

    A. 数据视图
          B. 字段对话框

    C. 设计视图
          D. 设计窗口

8. 以下说法正确的是（　　）。

    A. 在 Access 中，数据库中的数据存储在表和查询中

    B. 在 Access 中，数据库中的数据存储在表和报表中

    C. 在 Access 中，数据库中的数据存储在表、查询和报表中

    D. 在 Access 中，数据库中的全部数据都存储在表中

9. 以下的数据类型中能填写或插入的数据长度最大的是（　　）。

    A. 文本型
          B. OLE

    C. 数字型
          D. 自动编号型

10. 利用 Access2010 创建的数据库文件，其默认的扩展名为（　　　）。

    A．.adp   B．.dbf

    C．.frm   D．.accdb

11. Access 数据库对象，不包括（　　　）对象。

    A．窗体   B．工作簿

    C．表   D．报表

12. Access 2010 中有两种数据类型：文本型和（　　　）型，它们可以保存文本或文本和数字组合的数据。

    A．数字   B．备注

    C．日期/时间   D．是/否

13. 输入数据时,如果希望输入的格式标准保持一致,或希望检查输入时的错误,可以（　　　）。

    A．控制字段大小   B．设置默认值

    C．定义有效性规则   D．设置输入掩码

14. 可以输入任何一个字符或者空格的输入掩码是（　　　）。

    A．0   B．&

    C．#   D．C

15. 不能建立索引的数据类型是（　　　）。

    A．数值   B．文本

    C．备注   D．日期

二、填空题

1. 表是＿＿＿＿＿的集合。一个数据库可以有多个数据表，一个表又由多个具有不同数据类型的＿＿＿＿＿组成。

2. 在设计视图下的表窗口中，上半部分包含三项属性，分别是＿＿＿＿＿、＿＿＿＿＿及字段说明。

3. 通过"编辑关系窗口"中的＿＿＿＿＿及＿＿＿＿＿复选框，可以覆盖、删除或更改相关记录的限制，同时仍然保留参照完整性。

4. 创建数据库的结果是在磁盘上生成一个扩展名为＿＿＿＿＿的数据库文件，这个文件将包含数据表、查询、窗体等内容。

5. 高级排序可以对＿＿＿＿＿字段采用不同的方式进行排序。

6. 若表的主键由多个字段构成，选定多个字段时，只需按住键盘上的＿＿＿＿＿键，然后对每个所需字段单击其行选择器，再单击工具栏上的"主键"按钮。

7. 查阅向导是一种特殊的字段类型，是利用列表框或组合框，从另一个＿＿＿＿＿中选择字段值。

8. 表结构的修改包括＿＿＿＿＿、＿＿＿＿＿、删除字段、＿＿＿＿＿、追加字段、改变字段属性等操作。

9. ＿＿＿＿＿是针对只包含 2 种不同取值的字段而设置的，这种数据类型的长度为 1 字节。

10. 在数据表视图中，如果＿＿＿＿＿几个字段列后，无论用户怎样水平滚动窗口，这些字段总是可见的，并且总显示在窗口的最左边。

11. 为了搜索问号，应在"查找和替换"对话框中输入＿＿＿＿＿。

12. 设置主关键字是在＿＿＿＿＿中实现的。

13. 如果在同一个数据库中的多张表间建立关系，就必须给表中的某字段建立_____。

14. 修改表结构只能在_____视图中完成。

15. 在 Access 中，可以在_____视图中打开表，也可以在设计视图中打开表。

三、简答题

1. 创建数据库主要有哪几种方法？

2. 创建数据表主要有哪几种方法？

3. 设置输入掩码有什么作用？

4. 什么是参照完整性？如何实施参照完整性？

5. 字段属性包括哪些项？

6. 设置字段属性的目的是什么？

第3章
查询

查询是 Access 数据库中的重要对象。它可以对数据表中的数据进行检索、统计、分析、查看和更改。一个查询对象实际上就是一个查询命令，即一个 SQL 语句。运行查询对象实际上就是执行该查询的 SQL 命令。

表是查询的数据源，查询也可以作为查询的数据源，同时，表和查询也是窗体和报表的数据源。

3.1　查询概述

3.1.1　查询的功能

查询是对数据表中的数据进行查找，产生一个类似于表的结果。在 Access 中可以方便地创建查询。在创建查询的过程中，Access 将根据定义的内容和条件在数据表中搜索符合条件的记录，同时查询可跨越多个数据表，也就是通过关系在多个数据表间寻找符合条件的记录。利用查询可以实现以下功能。

1. 选择字段

在查询中，可以根据需要只选择表中的部分字段。例如，建立一个查询，只显示"学生"表中的每一个学生的学号、姓名和班级。

2. 选择记录

查询可以设定条件来查找并显示所需要的记录。例如，建立一个查询，只显示"教师"表中计算机基础教研室的教师信息。

3. 编辑记录

编辑记录主要包括添加记录、修改记录和删除记录等。在 Access 中，可以利用查询添加、修改和删除表中的记录。例如，将成绩不及格的记录从"成绩"表中删除。

4. 实现计算

查询不仅可以找到满足条件的记录，而且可以进行各种统计计算和自定义计算（建立计算字段）。例如，计算出每个学生的总分、平均分及每门课的成绩等。

5. 建立新表

利用查询得到的结果可以建立一个新表。例如，将考试成绩大于等于 90 分的学生找出来，并放在一个新表中。

6. 建立基于查询的报表和窗体

如果想从一个或多个表中选择合适的数据显示在报表或窗体中，可以先建立一个查询，再将查询结果作为报表或窗体的数据源。每次打印报表或窗体时，该查询就从它的基本表中检索出符合条件的记录。这样，可以提高报表或窗体的使用效率。

3.1.2 查询的类型

在 Access 中，查询可以按照不同的方式查看、分析数据以及对数据进行其他操作。这涉及查询的类型。查询的类型有选择查询、参数查询、交叉表查询、操作查询、SQL 查询。

1. 选择查询

选择查询是从一个或多个表，或者其他查询中按照指定的条件获取数据，并在"数据表视图"中显示结果。这是最常用的查询类型。

2. 参数查询

在运行参数查询时，可以在查询条件中输入可变化的参数，系统会根据所输入的参数找出符合条件的记录。参数查询扩大了查询的灵活性。

3. 交叉表查询

交叉表查询是以某些字段作为行标题和列标题，在行与列交叉处汇总数据，包括计算平均值、总和、最大值、最小值等，以更加方便地分析数据。

4. 操作查询

操作查询可以更改一个或多个表中的记录，包括生成表查询、追加查询、更新查询和删除查询。

5. SQL 查询

SQL（Structure Query Language，结构化查询语言）是关系数据库的标准语言。SQL 查询是用户使用 SQL 语句创建的查询。

3.2 建立查询

3.2.1 查询视图

在 Access 中，常用的查询视图有 3 种，分别为"数据表视图""设计视图"和"SQL 视图"，另外还有"数据透视表"视图和"数据透视图"视图。下面介绍"数据表视图""设计视图"和"SQL 视图"的主要功能。

1. 数据表视图

"数据表视图"是以行和列格式显示查询中符合条件的查询结果的窗口。在该视图中，可以进行编辑数据、添加和删除数据、查找数据等操作，也可以对查询进行排序、筛选以及检查记录等，还可以改变视图的显示风格（包括调整行高、列宽和单元格的显示风格等）。查询的"数据表视图"示例如图 3-1 所示。

图 3-1 查询的"数据表视图"

2. 设计视图

"设计视图"是用来设计查询的窗口，是查询设计器的图形化表示。利用该视图可以创建多种结构复杂、功能完善的查询。

3. SQL 视图

"SQL 视图"用于查看、修改已建立的查询所对应的 SQL 语句，或者直接创建 SQL 语句。

本章例题将会使用"学生成绩管理"数据库中的"学生"表、"课程"表、"教师"表、"成绩"表创建查询。它们的记录数据分别如图 3-2～图 3-5 所示。

图 3-2　"学生"表

图 3-3　"课程"表

图 3-4　"教师"表

图 3-5　"成绩"表

3.2.2　查询设计器

打开查询设计器"设计视图"的方式有两种，即建立新查询和打开已有的查询设计器。使用"设计视图"，可以建立查询、修改已有的查询，还可以修改作为窗体、报表记录源的 SQL 语句。

1. 查询设计器的构造

查询设计器的"设计视图"由上、下两部分组成，如图 3-6 所示。上半部分是显示查询的数据源表或查询的显示区，用于显示当前查询所使用的数据源：基本表和查询。当有多个表时，数据源表之间的连线表示数据表之间的关系。下半部分是定义查询的"设计网格"，用于设置查询选项。

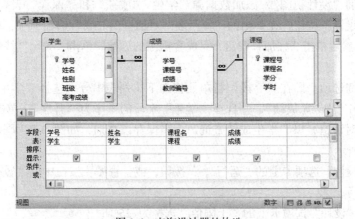

图 3-6　查询设计器的构造

与第2章相比，为了讲述方便，本章"成绩"表取消了主键，如图3-6所示。

查询选项的相关含义如下。

（1）字段：指定查询要选择表的哪些字段。

（2）表：指定字段来源于哪个表。

（3）排序：定义字段的排序方式。

（4）显示：指定被选择的字段是否在"数据表视图"中显示出来。

（5）条件：设置字段的查询条件。

2. 查询工具下的设计选项卡

当打开查询设计器，系统会自动弹出"设计"选项卡，如图3-7所示。

图3-7 "设计"选项卡

（1）视图 ：在视图"数据表视图""设计视图"和"SQL视图"等之间切换。

（2）运行 ！：执行查询，以数据表形式显示结果。

（3）汇总 Σ：在查询设计器的设计网格区增加"总计"行，可用于各种统计计算（求和、平均值等）。

（4）上限值 ：对查询结果指定要显示的范围。

（5）查询类型：选择、生成表、追加、更新、交叉表、联合、传递、数据定义。

本节例题均为选择查询。

例3-1 从"学生""课程"和"成绩"3个表中查询每个学生各门考试科目的成绩，即查询出学号、姓名、课程名和成绩，查询结果按学号升序排列。

具体操作步骤如下。

（1）打开查询"设计视图"，添加数据源"学生""成绩"和"课程"表。即单击"创建"选项卡的"查询设计"按钮，在弹出的"显示表"对话框的"表"选项卡中，选中"学生""成绩"和"课程"，然后单击"添加"按钮，完成数据源的添加。单击"关闭"按钮关闭"显示表"对话框。

（2）设置查询选项。即在"字段"行单元格的下拉列表中分别选择"学生.学号""学生.姓名""课程.课程名""成绩.成绩"，并选择"学号"字段的排序为"升序"。单击"保存"按钮，弹出"另存为"对话框，以"学生成绩查询"为名保存该查询，如图3-8所示。查询设计器最终结果如图3-9所示。

（3）单击"设计"选项卡上的"运行 ！"按钮，或"视图"按钮中的"数据表视图"，查询结果如图3-10所示。

（4）当使用"设计"选项卡上的"上限值"选择为25%时（ 返回：25% ），则运行结果如图3-11所示。

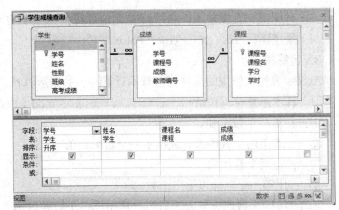

图 3-8 "另存为"对话框

图 3-9 "学生成绩查询"查询"设计视图"

图 3-10 查询结果

图 3-11 查询结果按上限值 25%显示

练习：

在例 3-1 中设置"成绩"字段按降序排序且上限值为 25%，运行查询并查看结果。

3.2.3 设置查询的组合条件

查询条件是在创建查询时所设置的一些限制条件，目的是使查询结果只包含满足查询条件的数据记录。

设置查询条件的方法是：在查询"设计视图"的"设计网格"区的条件网格中输入查询条件。条件网格包含"条件"行、"或"行及其以下的空白单元格。Access 自动用 And 运算符去组合同一条件行中不同字段（或单元格）的条件表达式，用 Or 运算符去组合不同行的条件表达式，即同行表示"与"的关系，不同行表示"或"的关系。

表达式不仅用于查询和筛选条件（准则），还用于有效性规则以及其他计算。表达式由标识符、常量、运算符和函数按规则组合为一个整体，以产生某种结果。

1. 标识符

标识符包括所标识的元素名称及该元素所属的元素的名称，如字段的名称和该字段所属的表的名称，其定界符为[ ]。例如，"学生"表中的"姓名"字段，其表达形式如下：

[学生]![姓名]

2. 常量

常量是不会改变的已知值，可以在表达式中使用。

（1）数值型：如 12.34，-5.9。

（2）文本型：直接输入文本，或以双引号" "作为定界符，如语文、"语文"。

（3）日期型：直接输入，或用# #作为定界符，如 2015-7-9、#2015-7-9#。

（4）是/否型：Yes、No、True、False。

3. 运算符

Access 表达式使用的运算符有算术运算符、关系运算符、逻辑运算符、字符运算符。

（1）算术运算符：包括+、-、*、/、\（整除）、mod（取余）、^（乘方）以及小括号。

① +：对两个数求和。

② -：求出两个数的差，或指示一个数的负值。

③ *：将两个数相乘。

④ /：用第一个数除以第二个数。

⑤ \：将两个数四舍五入为整数，再用第一个数除以第二个数，然后将结果截断为整数（舍去小数）。

⑥ mod：用第一个数除以第二个数，并返回余数。例如，32 mod 9 运算结果为 5。

⑦ ^：表示乘方，如 2^5 表示 2 的 5 次方。

练习：将数学表达式 $(\frac{1}{60} - \frac{3}{56}) \times 18.45$ 与 $\frac{1+2^{1+2}}{2+2}$ 表示成 Access 表达式。

答案：(1/60-3/56)*18.45，(1+2^(1+2))/(2+2)。

（2）关系运算符：包括>、>=、<、<=、=、<>（不等于）。

① >：确定第一个值是否大于第二个值。

② >=：确定第一个值是否大于等于第二个值。

③ <：确定第一个值是否小于第二个值。

④ <=：确定第一个值是否小于等于第二个值。

⑤ =：确定第一个值是否等于第二个值。

⑥ <>：确定第一个值是否不等于第二个值。

对于关系运算符，要比较的数据的类型必须匹配，即文本与文本比较、数与数比较。也可以使用函数将不同的数据类型转换为相同的数据类型，再作比较。

查询条件的设置是在查询"设计视图"的"设计网格"区指定条件，即在条件单元格输入表达式。下面给出一些查询"设计视图"的"设计网格"区查询条件示例。

="女"或"女"（可以省略等号"="），表示字段值为"女"。当输入文本值，未加入定界符" "时，系统会自动加上。

<>"男"表示字段值不等于"男"。

>60 表示字段值大于 60。

>=#1994-1-1#，或 >=1994-1-1，表示日期值在 1994 年 1 月 1 日之后。

（3）逻辑运算符有 3 种，分别为 And、Or、Not，优先级由高到低分别为 Not、And、Or。

① And：表示两个操作数都为 True 时，表达式的值才为 True。

② Or：表示两个操作数只要有一个为 True 时，表达式的值就为 True。

③ Not：表示生成操作数的相反值。

查询"设计视图"的"设计网格"区示例如下。

Between 60 And 90，或>60 And <90，表示 60～90 的数值。

Not "男"表示非男性记录。

>=#1966-1-1# And <=#1969-12-31#，表示日期在 1966 年 1 月 1 日和 1969 年 12 月 31 日之间。

（4）字符运算符有+、&，具体如下。

① +：字符串连接符，用于连接字符串，如[教师姓名]+ "你好"。

② &：强制将两个操作数作为字符串连接。例如，[姓名]&[成绩]，其中，[姓名]是文本类型变量，而[成绩]则是数字型变量。

（5）Access 通配符有 7 种。

① *：代表 0 到多个字符。

② ?：代表 1 个字符。

③ #：代表单个数字字符（0~9）。

④ [字符表]：包含[ ]内任何一个字符。例如，a[bc]d 代表 abd 和 acd。

⑤ [!字符表]：不包含[ ]内的字符。

⑥ -：以升序指定一个范围，表示范围内任一字符。例如，a[b-d]d 代表 abd、acd 和 add；1[!2-8]代表以 1 开头且不包含 2、3、…、8 这 7 个字符的字符串，如 10、19、1a 等。

⑦ Like、Not Like：执行模式匹配，通常与通配符搭配使用。

（6）特殊运算符有 4 种。

① Between：介于两者之间。

② In：包含于某一系列值。

③ Is Null：测试是否为空值，即不包含任何数据。

④ Is Not Null：测试是否为非空值，即包含任何数据。

查询"设计视图"的"设计网格"区示例如下。

Between 75 And 90，等价于>=75 And <=90。

Like"朱*"表示姓氏为"朱"的姓名。

In("英语","法语","德语")，等价于"英语" Or "法语" Or "德语"，表示包含在"英语""法语""德语"之内。

4．函数

函数（Function）表示每个输入值对应唯一输出值的一种对应关系。

Access 提供了多种不同用途的内置函数。它们是一些预定义的公式，通过参数传递输入值，返回结果。

函数的格式：函数名(参数)。

函数也可以嵌套，如 Year(Date( ))。

下面的表 3-1 至表 3-4 列出了一些常用的函数，包括合计函数、常用的文本函数、常用的日期/时间函数、常用的数值函数。表中做了语法说明，如< >表示其中的内容为必选项、[ ]表示其中的内容为可选项。

表 3-1　合计函数

函数	功能
Sum(<表达式>)	返回包含在查询的指定字段内一组值的总和
Avg(<表达式>)	返回包含在查询的指定字段内一组值的平均值
Min(<表达式>)	返回包含在查询的指定字段内一组值中的最小值
Max(<表达式>)	返回包含在查询的指定字段内一组值中的最大值
Count(<表达式>)	返回表达式值的个数，通常以*作为参数，即 Count(*)。表达式可以是一个字段名、含有字段名的表达式

续表

函数	功能
First(<表达式>)	返回包含在查询中指定字段内一组值中的第一个值
Last(<表达式>)	返回包含在查询中指定字段内一组值中的最后一个值
StDev( )	估算样本的标准差（忽略样本中的逻辑值和文本）
Var( )	估算样本方差（忽略样本中的逻辑值和文本）

表 3-2　常用的文本函数

函数	功能
Space(n)	返回 n 个空格组成的字符串
Len(<字符串表达式>)	返回字符串表达式的长度值，即字符个数值
Left (<字符串表达式>,n)	返回从字符串左侧起的 n 个字符
Right(<字符串表达式>,n)	返回从字符串右侧起的 n 个字符
Mid(<字符串表达式>,n_1,[n_2])	返回某字符串从第 n_1 个位置开始的 n_2 个字符
Ltrim(字符串表达式)	删除字符串前面的空格
Rtrim(字符串表达式)	删除字符串后面的空格
Trim(字符串表达式)	删除字符串前后的空格
String(n,<字符串表达式>)	返回由<字符串表达式>中的第 1 个字符重复组成的指定长度为 n 的字符串

表 3-3　常用的日期/时间函数

函数	功能
Now( )	返回当前的系统日期/时间
Date( )	返回当前的系统日期
Time( )	返回当前的系统时间
Day(<日期表达式>)	返回日期表达式中的日子，即一个介于 1~31 的数值
Month(<日期表达式>)	返回日期表达式中的月份，即一个介于 1~12 的数值
Year(<日期表达式>)	返回日期表达式中的年份值
Weekday(<日期表达式>)	返回某个整数，1 表示星期日，2 表示星期一，…，7 表示星期六
Hour(<时间表达式>)	返回时间中的小时值，如 Hour(Time( ))
Minute(<时间表达式>)	返回时间中的分钟值
Second(<时间表达式>)	返回时间中的秒值。例如，Second(#2012-7-17 11:37:45#)，返回 45

表 3-4　常用的数值函数

函数	功能	举例	运算结果
Abs(n)	取绝对值	Abs(12-27.9)	15.9
Int(n)	取整	Int(12-27.9)	−16
Round(n_1,n_2)	四舍五入	Round(1 235.879,2)	1 235.88
Sqr(n)	平方根函数	Sqr(2)	1.414 213 562 373
Sin(n)	正弦函数	Sin(2)	0.909 297 426 826

续表

函数	功能	举例	运算结果
Cos(n)	余弦函数	Cos(2)	−0.416 146 836 55
Tan(n)	正切函数	Tan(2)	−2.185 039 863 26
Exp(n)	e 指数函数	Exp(2)	7.389 056 098 931
Log(n)	以 e 为底的对数函数	Log(2)	0.693 147 180 56
Rnd( )	产生随机数	Rnd( )	0~1 的随机数

逻辑判断函数 IIf(<逻辑表达式>,<表达式 1>,<表达式 2>)中，当<逻辑表达式>为真时，函数返回<表达式 1>的值，否则返回<表达式 2>的值。

例 3-2　查询"计算机基础"的成绩在 85 以上的学生的学号、姓名及成绩。

具体操作步骤如下。

在例 3-1 查询视图的基础上，在"条件"行与"课程名""成绩"列相交的单元格里分别输入""计算机基础""和">=85"（也可以是[成绩]>=85），并把查询另存为"85 分以上成绩查询"，如图 3-12 所示为"85 分以上成绩查询"的"设计视图"。查询结果如图 3-13 所示。

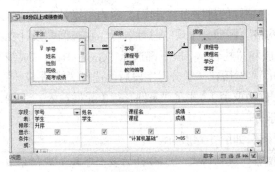

图 3-12　"85 分以上成绩查询"的"设计视图"　　图 3-13　"85 分以上成绩查询"的"数据表视图"

3.2.4　在查询中进行计算

Access 查询不仅具有查找功能，而且具有计算功能，即从基本表中临时计算出一些结果。查询具有两种计算功能，分别为预定义计算和自定义计算。

1．预定义计算

预定义计算也叫统计计算，是 Access 通过合计函数对查询的分组记录或全部记录进行总计计算。总计计算包括合计函数，以及分组、第一条记录、最后一条记录、条件和表达式。合计函数有总计、计数、平均值、最小值、最大值、标准差、方差。

单击"设计"选项卡上的"汇总"按钮 Σ，Access 在查询"设计视图"的"设计网格"区自动生成"总计"行。在"总计"行单元格的下拉列表中可以选择所需要的总计项，用于全部记录或分组记录的总计计算。

总计项包括 9 个合计函数，分别是合计、平均值、最大值、最小值、计数、标准差、方差、第一条记录 First、最后一条记录 Last。还有 3 个非函数选项，分别是分组 Group By、表达式 Expression、条件 Where。其中一些总计项的说明如下。

（1）分组 Group By：定义要执行计算的组，对应 SQL 的 GROUP BY。

（2）计数：返回满足条件的记录数量，对应 SQL 的 COUNT(*)。

（3）第一条记录 First：返回表的第一条记录的字段值，对应 SQL 的 First(<表达式>)。

（4）最后一条记录 Last：返回表的最后一条记录的字段值，对应 SQL 的 Last(<表达式>)。

（5）表达式 Expression：创建含有合计函数的计算字段（计算表达式）。当计算字段仅为单独的合计函数时，"总计"行自动显示其函数名；否则需要选择"总计"表达式。例如，在"字段"行输入 Avg(成绩)+1，或 Round(Avg(成绩),1)后，需在"总计"行选择"表达式（Expression）"。

（6）条件 Where：指定查询条件，对应 SQL 的 WHERE（SQL 用于分组的筛选条件，由 HAVING 指定，见第 4 章 4.4.1 节 SELECT 语句的格式）。

 统计计算字段的标题的设置：在统计计算字段名前加入要显示的"字段名"和"："；或在 SQL 视图中修改相对应的输出项的 AS 后的短语。

例 3-3 查询每个学生的总分和总学分，要求列出学号、姓名、总分（对及格成绩求和）、总学分，结果按学号升序排列。

具体操作步骤如下。

（1）打开查询设计视图，添加数据源"学生""成绩"和"课程"表。

（2）设置查询选项。在"字段"行单元格的下拉列表中分别选择"学生.学号""学生.姓名"、"成绩.成绩"和"课程.学分"，并选择"学号"字段的排序为"升序"。单击"设计"选项卡上的"汇总 Σ"按钮，在"设计视图"的"设计网格"区即会出现"总计"行。在查询"设计视图"的"设计网格"区的"总计"行、"学号"字段和"姓名"字段下都选择"Group By"，"成绩"字段下选择"合计"，"学分"字段下选择"合计"。然后在"学分"字段后面选择"成绩.成绩"，其下"总计"行单元格选择"Where"（"显示"自动取消），并在"条件"行单元格输入：>=60，以表示总计（求和）针对及格的成绩和对应的学分。

（3）保存为"总计查询"，相应"设计视图"如图 3-14 所示。

 如果选择了按某字段（或字段组合，或以西文"，"分开的多个字段）进行分组，输出选项则是针对分组进行合计计算的对象，那么在输出字段里除了可以包含分组字段外，其他输出选项必须是或含或不含合计函数的计算字段。当在设计视图的字段行输入计算字段时，则在总计行要选择"表达式"。对于采用合计函数时可以使用的方式有二，即使用 First(<字段名>)（参见例 3-4 说明）或在字段行输入字段名，在"总计"行选择"第一条记录"、Sum( )或总计、Avg( )或平均值等。

（4）运行查询结果，如图 3-15 所示。

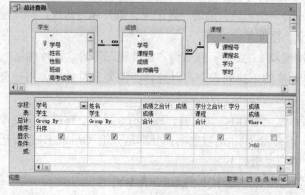

图 3-14 "总计查询"设计视图　　　　　　　　图 3-15 "总计查询"查询结果

例 3-4　改变例 3-3 查询结果的字段标题。

具体操作步骤如下。

在"设计视图"的"设计网格"区的字段名前可以加入显示的字段标题名，格式为<标题名>:<字段>，即在字段名前面加入"<标题名>:"。本例中，"成绩"前加"总分:"，"学分"前加"学分"，如图 3-16 所示。运行结果如图 3-17 所示。

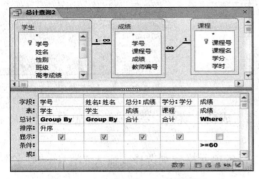

图 3-16　"总计查询 2"设计视图

图 3-17　"总计查询 2"查询结果

在"设计视图"的"设计网格"区的"字段"行也可以直接输入姓名:First(姓名)（姓名不作为分组字段）、总分:Sum(成绩)、学分:Sum(学分)。Access 会自动转换字段分别为总分:成绩、学分:学分，自动转换总计行分别为 First、Sum、Sum，如图 3-18 所示。

图 3-18　"总计查询 2"设计视图

例 3-5　在例 3-4 的基础上，增加一个要查询的字段"及格门数:成绩"，且只显示有 3 门及以上及格课程的记录。

具体操作步骤如下。

在增加的字段"及格门数:成绩"下"总计"行输入或选择"计数"，"条件"行输入">=3"，如图 3-19 所示。运行结果如图 3-20 所示。

2. 自定义计算

如果想用一个或多个字段的值在每个记录上进行数值、日期或文本计算，需要在查询"设计视图"的"设计网格"区的空字段单元格中输入计算字段，即基于其他字段的表达式或计算公式。输入计算字段时，可以单击"设计"选项卡上的" 生成器 "按钮，以利用表达式生成器生成计算字段。

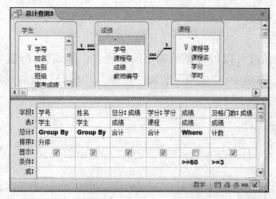

图 3-19 "总计查询 3"设计视图   图 3-20 "总计查询 3"查询结果

例 3-6 查询每个学生的学号、姓名、课程名、成绩、绩点，要求成绩在 60 分以上。

具体操作步骤如下。

（1）"设计视图"如图 3-21 所示，在"字段"行各单元格分别选择或输入"学号""姓名""课程名""成绩""绩点:[成绩]/10-5"。

"[成绩]/10-5"是计算绩点的表达式。

（2）设置完毕后保存查询为"成绩绩点查询"。

（3）运行查询，查询结果如图 3-22 所示。

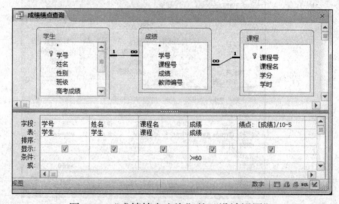

图 3-21 "成绩绩点查询"的"设计视图"

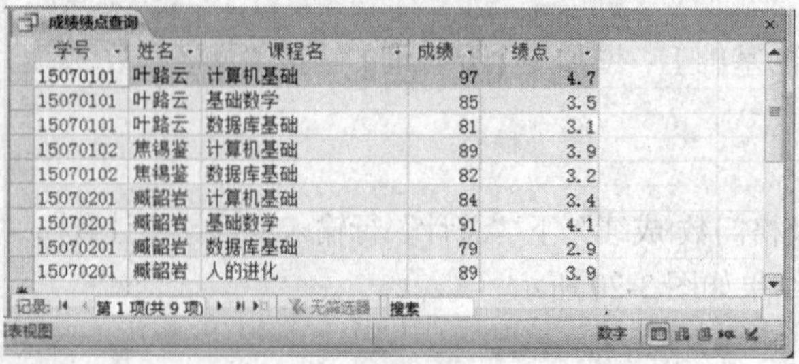

图 3-22 "成绩绩点查询"查询结果

例 3-7 对于如图 3-23 所示的"学生 2"表，查询每个学生的学号、语文、数学和总分（总分=语文+数学）。

图 3-23　"学生 2"表的记录

具体操作步骤如下。

（1）在设计视图的"字段"行选择"学生 2.*"（"学生 2.*"表示"学生 2"表的所有字段），然后输入"总分: [语文]+[数学]"（"总分"是将显示的字段名，表达式[语文]+[数学]表示该字段为语文和数学的和）。

（2）保存为"计算总分"，如图 3-24 所示。查询结果如图 3-25 所示。

图 3-24　"计算总分"设计视图

图 3-25　"计算总分"查询结果

查询的主要目的是通过某些条件的设置，从表中选择所需要的数据。也可以为查询创建计算字段。在查询设计器中，可以为查询加入适当的条件。条件既可以是简单的数字、文本、时间等，也可以是复杂的条件表达式。

3.3　参数查询

参数查询是在查询运行的过程中，Access 根据输入的参数值自动设定查询规则，由此查询到符合查询规则的记录。

参数查询的条件格式为[提示信息]，即在相应的字段的"条件"行输入提示文本并用[ ]括起来。

3.3.1　单参数查询

例 3-8　建立参数查询，按照输入的班级查看该班级成绩在 90 分以上的学生的学号、姓名、班级、课程名和成绩。

具体操作步骤如下。

（1）打开查询设计器，添加"学生""成绩"和"课程"表为数据源。

在设计视图中的"字段"行各单元格分别输入"学号""姓名""班级""课程名"和"成绩"。

（2）在字段"班级"下的"条件"行单元格输入运行时需要给出的参数的提示信息"[请输入要查询的班级]"，在字段"成绩"的"条件"行输入">=90"，并保存为"参数查询 1"，如图 3-26所示。

（3）运行该查询，弹出对话框，如图 3-27 所示，该对话框要求用户提供所查询的班级名称，输入参数"英语 1501"，运行结果如图 3-28 所示。

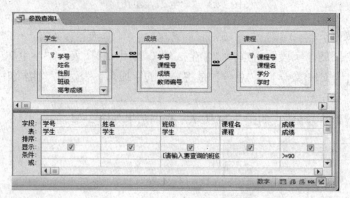

图 3-26　"参数查询 1"设计视图

图 3-27　"输入参数值"对话框

图 3-28　"参数查询 1"查询结果

　　查询中，方括号[ ]是标识符的定界符，表示其中的字符为字段名。而本例中的方括号中的字符代表的是参数。Access 在查询中遇到方括号时，首先在各数据表中寻找方括号中的内容是否为字段名称。若不是，则认为是参数，接着弹出"输入参数值"对话框。

3.3.2　多参数查询

多参数设置格式为[参数 1]Or[参数 2]，相关实例如下：

[学号 1]Or[学号 2]、>=[参数 1] And <=[参数 2]、>=[输入起始学号] And <=[输入终止学号]。

例 3-9　多个参数的查询。根据用户输入的两个日期值，查询出生在这两个日期之间的教师的教师号、教师姓名、出生日期和教研室。

具体操作步骤如下。

（1）打开查询设计器，添加"教师"表为数据源。

（2）在"设计视图"中的"字段"行各单元格分别输入"教师编号""教师姓名""出生日期""教研室"。

（3）在"出生日期"的"条件"单元格中输入"Between [请输入开始日期]And[请输入终止日期]"，如图 3-29 所示。

（4）运行查询，分别输入日期"1969-1-1""1974-12-31"，分别如图 3-30 和图 3-31 所示。查询结果如图 3-32 所示。

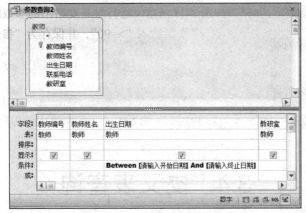

图 3-29 "参数查询 2"查询设计视图

图 3-30 输入第一个参数值

图 3-31 输入第二个参数值

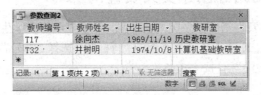

图 3-32 "参数查询 2"查询结果

例 3-10 建立基于计算字段的参数查询，查询 1965 年出生的教师的信息。

具体操作步骤如下。

（1）打开查询设计器，添加"教师"表为数据源。

（2）在"字段"行分别输入"教师.*""Year([出生日期])"，在"Year([出生日期])"字段的"条件"行输入"[请输入出生年份]"并取消其显示选项，保存为"计算字段参数查询"，如图 3-33 所示。另外，也可在字段行选择"出生日期"，在其下的"条件"行输入"Year([出生日期])= [请输入出生年份]"，如图 3-34 所示。

图 3-33 "计算字段参数查询"查询设计视图（1）

图 3-34 "计算字段参数查询"查询设计视图（2）

（3）运行时输入参数"1965"，如图 3-35 所示。运行结果如图 3-36 所示。

图 3-35 "输入参数值"对话框

图 3-36 "计算字段参数查询"查询结果

3.4 交叉表查询

交叉表是一种常用的分类汇总表格。交叉表查询是将来源于某个表中的字段进行分组，一组列在交叉表左侧，一组列在交叉表上部，并在交叉表行与列交叉处对表中某个字段进行汇总计算，如求和（总计）、平均值、计数、最大值、最小值等。交叉表查询数据直观明了，被广泛应用。交叉表查询也是数据库的一个特点。

3.4.1 使用查询向导创建交叉表查询

例 3-11 以"成绩"表为基础建立交叉表查询，要求显示每个学生的学号、课程号、各门课程的成绩和该学生的总分，即要求交叉表查询的"行标题"选择"学号"字段、"列标题"选择"课程号""交叉点"选择"成绩"且选求和函数。

具体操作步骤如下。

（1）单击"查询向导 📑"按钮，在弹出的"新建查询"对话框中选择"交叉表查询向导"，如图 3-37 所示。

（2）单击"确定"按钮，弹出"交叉表查询向导"对话框，选择"表: 成绩"作为数据源，如图 3-38 所示。

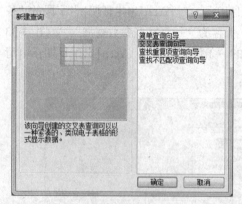

图 3-37 "新建查询"对话框

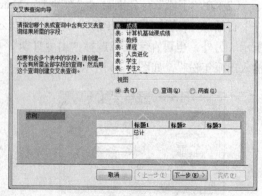

图 3-38 "交叉表查询向导"对话框（一）

（3）单击"下一步"按钮，在弹出的对话框中选择"学号"作为行标题，如图 3-39 所示。

（4）单击"下一步"按钮，在弹出的对话框中选择"课程号"作为列标题，如图 3-40 所示。

（5）单击"下一步"按钮，在弹出的对话框中选择"成绩"作为交叉点计算字段，并选择 Sum 函数（本例也可以按需要选择其他合计函数），如图 3-41 所示。

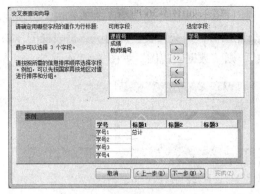

图 3-39 "交叉表查询向导"对话框（二）

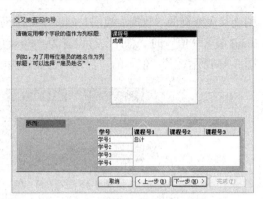

图 3-40 "交叉表查询向导"对话框（三）

（6）单击"下一步"按钮，指定查询名称为"成绩_交叉表"，如图 3-42 所示。

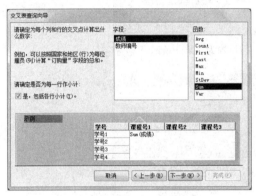

图 3-41 "交叉表查询向导"对话框（四）

图 3-42 "交叉表查询向导"对话框（五）

（7）单击"完成"，显示运行结果，如图 3-43 所示。
（8）查看"成绩_交叉表"的设计视图如图 3-44 所示。

图 3-44 "成绩_交叉表"查询设计视图

图 3-43 "成绩_交叉表"查询结果

通过交叉表查询向导，在选交叉点计算字段时，选的是"成绩"且函数是 Sum，而"设计视图"中"交叉表"行为"值"的那一列的"总计"行自动设置为"合计"。

（9）如果某学生的同一门课有两个成绩，如"15070101"学生的"01"课程还有一个成绩"98"，则交叉表查询的"数据表视图"如图 3-45 所示；若利用"设计视图"建立交叉表查询时（方法见 3.3.2 节），"值"的"总计"行设置为"First（第一条记录）"，则交叉表查询的"数据表视图"如图 3-46 所示；若"值"的"合计"行设置为"计数"，则"数据表视图"如图 3-47 所示。

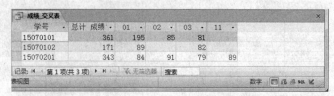

图 3-45　交叉表"值"的"总计"行设置为"合计"

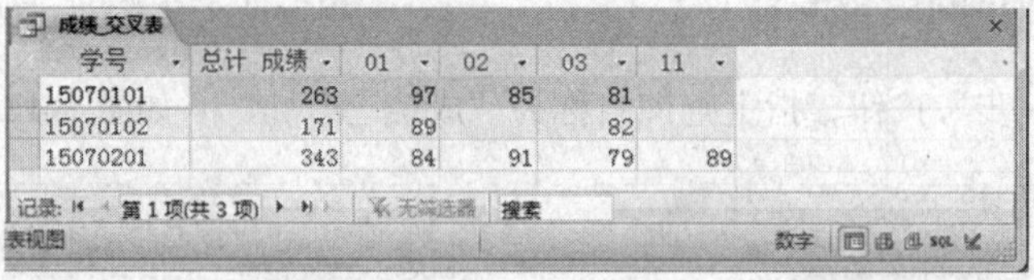

图 3-46　交叉表"值"的"总计"行设置为"第一条记录"

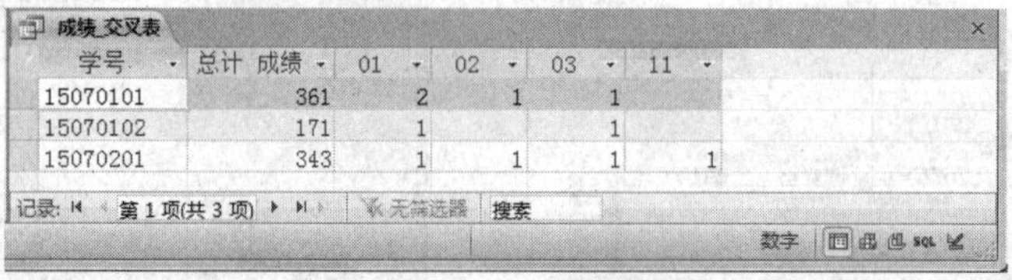

图 3-47　交叉表"值"的"总计"行设置为"计数"

例 3-12　以例 3-1 建立的查询"学生成绩查询"（包含 4 个字段，分别"学号""姓名""课程名""成绩"）为基础创建交叉表查询，要求显示学号、姓名、课程名、各门课程的成绩和总分，即要求行标题为"学号""姓名"，列标题为"课程名"，交叉点为"成绩（求和）"。

具体操作步骤如下。

（1）选择查询"学生成绩查询"作为创建交叉表查询的数据来源，如图 3-48 所示。

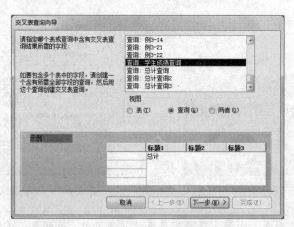

图 3-48　"交叉表查询"的数据来源

（2）选择行标题为"学号""姓名"，列标题为"课程名"，交叉点为"成绩"，函数为"Sum（求和）"。

（3）保存查询为“学生成绩查询_交叉表”。查询的运行结果如图 3-49 所示。

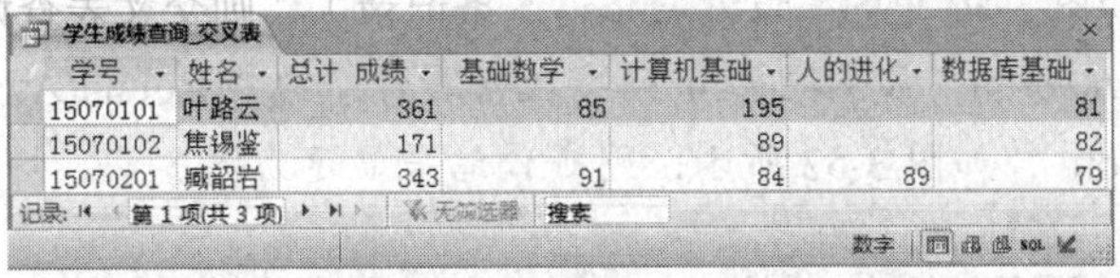

学号	姓名	总计 成绩	基础数学	计算机基础	人的进化	数据库基础
15070101	叶路云	361	85	195		81
15070102	焦锡鉴	171		89		82
15070201	臧韶岩	343	91	84	89	79

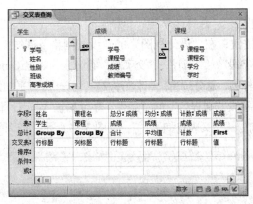

图 3-49　“学生成绩查询_交叉表”查询的结果

如果想建立一个包含学号、姓名、班级、课程名称、成绩的交叉表，可以先建立一个包含“学号”“姓名”“班级”“课程名”“成绩”字段的查询，再在该查询的基础上建立交叉表查询。

3.4.2　使用“查询设计视图”创建交叉表查询

使用“查询设计视图”来建立交叉表查询的方法是：在设计视图中，先选择好数据源，单击“设计”选项卡上的“交叉表 ”按钮，即在查询“设计视图”的“设计网格”区增加“交叉表”行。

使用查询向导，只能利用一个数据表或查询建立交叉表查询；而使用查询“设计视图”，则可以利用多个数据表建立交叉表查询。

例 3-13　使用查询“设计视图”创建交叉表查询，要求显示姓名、课程名、各门课程的成绩、总分、均分和考试课程的门数（计数）。

具体操作步骤如下。

（1）在查询设计器中选择“学生”表、“成绩”表、“课程”表作为数据源。单击“设计”选项卡上的“交叉表 ”按钮，。

（2）设置查询选项，“字段”/“总计”/“交叉表”行分别为姓名/ Group By（分组）/行标题、课程名/ Group By（分组）/列标题、总分:成绩/合计/行标题、均分:成绩/平均值/行标题、计数:成绩/计数/行标题、成绩/First/值，保存查询为“交叉表查询”。如图 3-50。

（3）运行结果如图 3-51 所示。

图 3-50　“交叉表查询”的“设计视图”

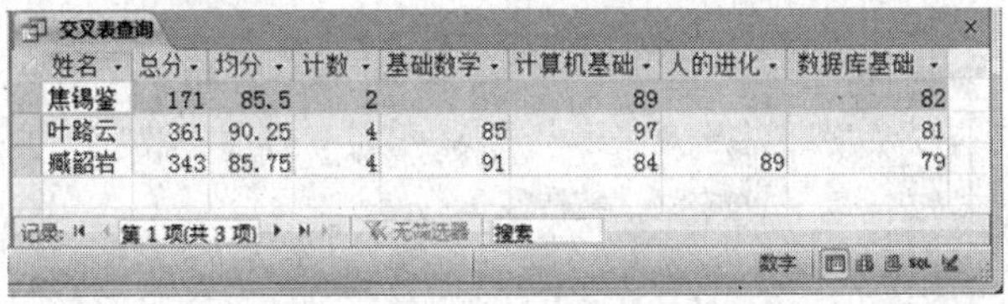

姓名	总分	均分	计数	基础数学	计算机基础	人的进化	数据库基础
焦锡鉴	171	85.5	2		89		82
叶路云	361	90.25	4	85	97		81
臧韶岩	343	85.75	4	91	84	89	79

图 3-51　“交叉表查询”的查询结果

注意　交叉表"值"的字段是按照分组进行合计计算的对象，所以"值"要以合计函数的形式出现。如图 3-50 中的"设计网格"区第 6 列，就是合计函数的形式：成绩/First，也可写作：First(成绩)。如果把第 4 列字段行写作"均分:Round(Avg(成绩),1)"，总计行选择"Expression"，如图 3-52 所示，则查询结果显示为图 3-53，均分的小数位为 1 位。

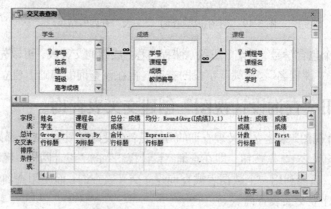

图 3-52　使均分显示 1 位小数，均分:Round(Avg(成绩),1)

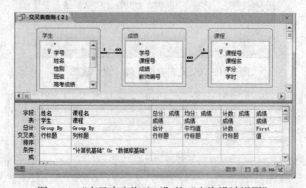

图 3-53　采用"均分:Round(Avg(成绩),1)"后的查询结果

交叉表查询还可以为行或列标题指定条件准则，从而显示满足一定条件的数据记录。

例 3-14　创建交叉表查询，要求汇总"计算机基础"和"数据库基础"两门课的总分、均分。具体操作步骤如下。

（1）打开"查询设计视图"，选择"学生""课程""成绩"三个表作为数据源。

（2）单击"交叉表"按钮，在"设计视图"的"设计网格"区增加"交叉表"行。

（3）设置查询选项，"字段"/"总计"/"交叉表"行分别为姓名/Group By（分组）/行标题、课程名/ Group By（分组）/列标题、总分:成绩/合计/行标题、均分:成绩/平均值/行标题、计数:成绩/计数/行标题、成绩/First/值。在字段"课程名"的"条件"单元格输入""计算机基础"Or"数据库基础""以指定条件准则，保存查询为"交叉表查询（2）"，如图 3-54 所示。查询的运行结果如图 3-55 所示。

图 3-54　"交叉表查询（2）"的"查询设计视图"

图 3-55　"交叉表查询（2）"的查询结果

查看例 3-11 的"数据表视图"（如图 3-43 所示）、"设计视图"（如图 3-44 所示）及例 3-13 的"设计视图"（如图 3-50 所示）、"数据表视图"（如图 3-51 所示），可以看出交叉表查询的构造特点，如表 3-5 所示。

表 3-5　交叉表查询的构造特点

交叉表	总计	数量	作用
行标题	分组	1～3 个	其字段值作为交叉表的行标题
列标题	分组	1 个	其字段值作为交叉表的列标题
值	总计、平均值、计数、…	1 个	其字段值按总计要求显示在交叉表的行标题与列标题交叉处的单元格
行标题	总计、平均值、计数、…	数个	在本行标题所在列按行汇总"值"字段的值

3.5　操作查询

操作查询可以对数据库表进行动态修改。操作查询按功能可分为 4 种，分别为生成表查询、更新查询、追加查询、删除查询。

创建操作查询的方法是：在查询设计视图中的"设计"选项卡上分别选择"生成表📑！""追加➕！""更新🖋"和"删除✖！"。

3.5.1　生成表查询

生成表查询是把查询的结果生成一个当前数据库或另一个数据库的新表。若数据库中已有同名的表，则新表将覆盖同名的旧表。

例 3-15　创建生成表查询，在"学生成绩管理"数据库中建立一个"90 分以上名单"表。

具体操作步骤如下。

（1）打开"查询设计视图"，添加"学生""课程"和"成绩"表。

（2）选择查询类型，单击"设计"选项卡上的"生成表📑！"，在弹出的"生成表"对话框中输入新表的名称"90 分以上名单"，并选择保存到"当前数据库"或"另一数据库"（本例保存到"当前数据库"），如图 3-56 所示。

图 3-56　"生成表"对话框

（3）设置查询选项，保存查询为"生成表查询"，如图 3-57 所示。

图 3-57 "生成表查询"的"设计视图"　　　　图 3-58 "生成表查询"的"数据表视图"

（4）"数据表视图"如图 3-58 所示；在"设计视图"状态下单击"运行"按钮运行该查询，生成新表，如图 3-59 所示。

图 3-59 生成"90分以上名单"表的记录

3.5.2 更新查询

更新查询可以对表中的部分或全部记录作更改。这里需要定义条件准则来确定要更新的记录，以及提供一个或多个表达式，以其计算结果作为替换后的新数据。

例 3-16 将"成绩"表中 90 分及以上的学生，在"学生"表中的班级改为 A。

具体操作步骤如下。

（1）打开"查询设计视图"，添加"学生"和"成绩"表。

（2）选择查询类型，单击"设计"选项卡上的"更新 ✎"按钮。此时"设计网格"区新增"更新到"行，用于指定更新后的数据表达式。

（3）设置查询选项，在要更新的字段"班级"与"更新到"行相交的单元格中输入用于更新的数据"A"，并保存查询为"更新查询"，如图 3-60 所示。

（4）查看"数据表视图"，如图 3-61 所示。

图 3-60 "更新查询"的"设计视图"　　　　图 3-61 "更新查询"的"数据表视图"

（5）在"设计视图"下运行该查询，"学生"表被更新，如图 3-62 所示。

图 3-62 "学生"表被更新后的记录

例 3-17 建立一个结构与"成绩"表相同的"重考成绩"表，其记录如图 3-63 所示。创建更新查询，用"重考成绩"表的数据更新"成绩"表的数据，选用数据的条件是"重考成绩"的成绩大于"成绩"表的成绩。

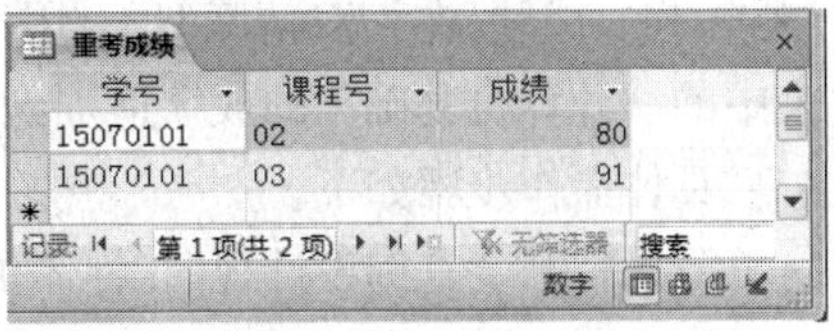

具体操作步骤如下。

（1）打开"查询设计视图"，添加"成绩"和"重考成绩"表，拖曳鼠标建立两表之间的关系，如图 3-64 所示。

图 3-63 "重考成绩"表记录

（2）选择查询类型，单击"设计"选项卡上的"更新 ⤴"按钮。

（3）设置查询选项，如图 3-65 所示。

图 3-64 建立两表之间的关系

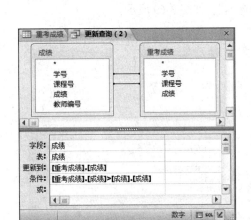

图 3-65 "更新查询（2）"的"设计视图"

（4）在"设计视图"运行该查询，可看到"成绩"表被更新，如图 3-66 所示。

图 3-66 更新后的"成绩"表

图 3-67 "更新查询（2）"的另一种条件设置

本例的条件也可以按图 3-67 设置选项。

3.5.3 追加查询

追加查询是将一个或多个表中的一组记录添加到另一个已存在的表的末尾。它可以是当前数据库的表，也可以是另一个数据库的表。

例 3-18 创建一个新表"计算机基础课成绩"（其字段名/类型/宽度分别为学号/文本/8、姓名/文本/16、成绩/数字/双精度型），用于存放"计算机基础"的成绩。然后利用追加查询把"成绩"表中的"计算机基础"的成绩追加到"计算机基础课成绩"表中。

具体操作步骤如下。

（1）打开"查询设计视图"，添加"学生""课程"和"成绩"表。

（2）选择查询类型，单击"设计"选项卡上的"追加 ￥!"按钮。在弹出的"追加"对话框中输入表的名称"计算机基础课成绩"，如图 3-68 所示。单击"确定"按钮，"设计网格"区就会增加"追加到"行。

（3）设置查询选项，在"追加到"行的 3 个单元格分别选择相应的字段，并保存查询为"追加查询"，如图 3-69 所示。

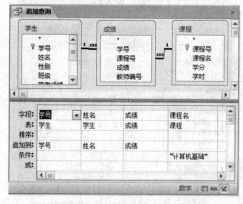

图 3-68 "追加"对话框

图 3-69 "追加查询"设计视图

（4）查看"数据表视图"，如图 3-70 所示。

（5）在"设计视图"下运行该追加查询，可看到"计算机基础课成绩"表被追加记录，结果如图 3-71 所示。

图 3-70 "追加查询"的"数据表视图"

图 3-71 追加记录后的"计算机基础课成绩"表

例 3-19 创建一个新表"人的进化"（其字段名/类型/宽度分别为学号/文本/8、姓名/文本/16、课程号/文本/2、成绩/数字/双精度型），用于存放该学期"人的进化"课的学生成绩，如图 3-72 所示。然后利用追加查询将其及格的成绩追加到"成绩"表中。

图 3-72 "人的进化"表中的记录

具体操作步骤如下。

（1）打开"查询设计视图"，添加"人的进化"表。

（2）选择"追加 ➕❗"查询类型，在弹出的"追加"对话框中输入表名称"成绩"，如图 3-73 所示。

（3）设置查询选项，并保存查询为"追加查询（2）"，如图 3-74 所示。

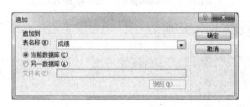

图 3-73 "追加"对话框

图 3-74 "追加查询（2）"的"设计视图"

（4）查看"数据表视图"，如图 3-75 所示。

（5）在"设计视图"中运行该追加查询，结果如图 3-76 所示。

图 3-75 "追加查询（2）"的"数据表视图"

图 3-76 追加记录后的"成绩"表记录

3.5.4 删除查询

删除查询可以从一个或多个表中删除符合指定条件的一组记录。若启用级联删除，则级联删除相关表中的相关联的记录。注意：此操作无法撤销。

例 3-20 创建删除查询，删除"人的进化"表中不及格的记录。

具体操作步骤如下。

（1）打开"查询设计视图"，添加"人的进化"表。

（2）选择"删除 ✕!"查询，在"设计网格"区出现"删除"行。

（3）设置查询选项，"删除"栏选择"Where"用于指定条件，"条件"栏输入"<60"，并保存查询为"删除查询"，如图 3-77 所示。

（4）查看"数据表视图"，如图 3-78 所示。

图 3-77 "删除查询"的"设计视图"

图 3-78 "删除查询"的"数据表视图"

（5）在"设计视图"中运行该删除查询，结果如图 3-79 所示。

图 3-79 执行删除查询后的"人的进化"表的记录

3.6 重复项、不匹配项查询

3.6.1 重复项查询

利用"查找重复项查询向导"（如图 3-80 所示）可以创建重复项查询，用于查找字段值重复的记录。

例 3-21 在"学生"表中查询姓名重复的记录。事先在"学生"表中插入一条记录：15070204，陈乔，女，英语 1502，555，湖南，群众。

具体操作步骤如下。

（1）在"创建"选项卡上选择"查询向导"按钮，在"新建查询"对话框中选择"查找重复项查询向导"选项，如图 3-80 所示，单击"确定"按钮。

（2）在弹出的"查找重复项查询向导"对话框中选择"学生"表，如图 3-81 所示。

图 3-80 查找重复项查询向导

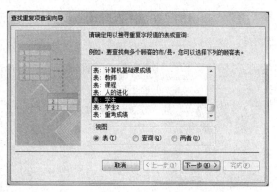

图 3-81 选择"学生"表

（3）单击"下一步"按钮，在弹出的对话框中选择包含重复信息的字段"姓名"，如图 3-82 所示。

（4）单击"下一步"按钮，在弹出的对话框中选择其他要显示的字段"学号""班级""籍贯"，如图 3-83 所示。

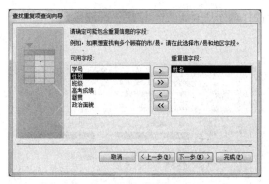

图 3-82 选择重复字段"姓名"

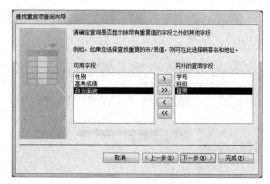

图 3-83 选择其他要显示的字段

（5）单击"下一步"按钮，在弹出的对话框中命名该查询为"重复项查询"，单击"完成"按钮，查询结果如图 3-84 所示。

图 3-84 重复项查询的"数据表视图"

3.6.2 不匹配项查询

利用不匹配项查询，可以在一个表中查找另一个表中没有相关记录的记录行。

例 3-22 从"学生"表中查找"成绩"表中没有相关记录（成绩）的学生记录。

具体操作步骤如下。

（1）在"创建"选项卡上选择"查询向导"按钮，在"新建查询"对话框中选择"查找不匹配项查询向导"选项，如图 3-85 所示，单击"确定"按钮。

（2）在弹出的"查找不匹配项查询向导"对话框中选择"学生"表作为被查询的表，如图 3-86 所示。

图 3-85　查找不匹配项查询向导

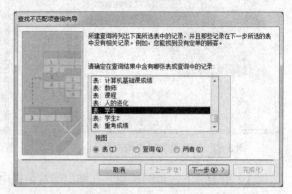

图 3-86　选择被查询的"学生"表

（3）单击"下一步"按钮，在弹出的对话框中选择不包含匹配记录的"成绩"表，如图 3-87 所示。

（4）单击"下一步"按钮，在弹出的对话框中选择两个表中匹配的字段，即联系两个表的公用字段"学号"，如图 3-88 所示。

图 3-87　选择不含匹配记录的"成绩"表

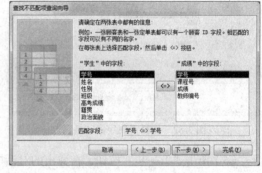

图 3-88　选择匹配字段

（5）单击"下一步"按钮，在弹出的对话框中选择要显示的字段"学号""姓名""班级""籍贯"，如图 3-89 所示。

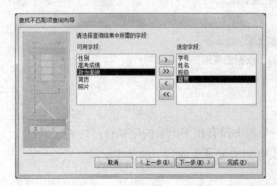

图 3-89　选择要显示的字段

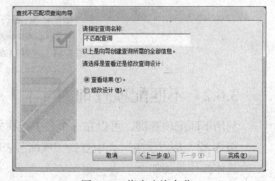

图 3-90　指定查询名称

（6）单击"下一步"按钮，在弹出的对话框中以"不匹配查询"命名为该查询名称，如图 3-90

所示，单击"完成"按钮。查询结果如图 3-91 所示。

图 3-91 不匹配项查询的"数据表视图"

习 题 3

一、单项选择题

1. 假设某数据库表中有一个"姓名"字段，查找姓名为两个汉字的记录的准则是（   ）。

  A．Len([姓名])<=2   B．Len([姓名])<=4

  C．Like "??"   D．"????"

2. 某数据库表中有一个"工作时间"字段，查找 10 天之内参加工作的记录的准则是（   ）。

  A．Between Date() Or Date()-10   B．Between Date() And Date()-10

  C．<Date() And Date()-10   D．< Date() Or Date()-10

3. 下列选项中合法的表达式是（   ）。

  A．教师号 between 1000 and 2000   B．[性别]= "男" or [性别]= "女"

  C．[性别]like "男" [性别]= "女"   D．1000=<[基本工资]<=1000

4. 下列运算符中，（   ）不是数学运算符。

  A．^   B．*   C．&   D．mod

二、填空题

1. 将下列数学表达式表示成 Accsee 表达式。

（1）$-(a^2+b^3)\cdot y^4$：_____。

（2）$\sin^2(x+0.5)+3\cos(2x+4)$：_____。

（3）$\dfrac{P\cdot Q\cdot (R+1)^2}{(R+1)^2-1}$：_____。

（4）$|3-e^x\ln(1+x)|$：_____。

（5）x^y：_____。

2. 写出一元二次方程 $ax^2+bx+c=0$ 根的 Access 表达式。

（1）根 1 的 Access 表达式：_____。

（2）根 2 的 Access 表达式：_____。

三、实验题

1. 以"学生""课程""成绩"3 个表为基础，完成（1）～（4）题实验。

（1）预定义的参数查询。

① 使用查询设计器，创建一个包含预定义计算的参数查询。要求：查询中的字段有"学号""姓名""总分""学分""及格课程门数"；设定查询参数为及格门数大于等于某个数值。

② 在查询中，增加一个计算字段"等级"。若及格课程门数≥3，则等级为 A；若及格课程门

数≥2，则等级为 B；否则为 C。

（2）自定义的参数查询。

① 创建一个包含计算字段（自定义计算）的参数查询，计算每个学生的平均绩点（Grade Point Average，GPA）。平均绩点的数学表达式为∑(课程学分×成绩绩点)÷∑课程学分，即各门课程学分绩点之和÷各门课程学分之和，其中，课程学分绩点=课程绩点×课程学分，符号∑（Sigma，希腊字母）表示数学中的"求和"。查询运行时要求输入某个平均绩点值，显示平均绩点大于等于该值的记录（含字段学号、姓名、平均绩点）。如要求平均绩点保留 2 位小数，可使用函数 Round(…,2)。

② 在查询中，增加一个计算字段"等级"。若 GPA≥4，则等级为 A；若 GPA≥3，则等级为 B；否则为 C。

（3）根据学号中包含的信息把班级"A"改回原来的值（提示：利用函数 IIf( )、Mid( )）。

（4）建立交叉表查询，汇总各门课的参加考试的人数和均分（均分小数保留 1 位）。

2. 建立一个数据表，用于存放一元二次方程 $ax^2+bx+c=0$ 各项的系数 a、b、c，再创建一个查询，用于显示 $ax^2+bx+c=0$ 的 a、b、c 和两个实根。

四、简答题

1. 交叉表查询的特点是什么？

2. 参数查询中的参数分成哪几类？怎么进行设计？

第4章
关系数据库标准语言 SQL

结构化查询语言（Structure Query Language，SQL）是目前使用最为广泛的关系数据库标准语言，几乎所有的关系数据库管理系统都支持 SQL 语言。本章介绍 SQL 在 Access 中的使用，包括 SQL 交叉表查询、SQL 特定查询（数据定义、操作）等操作。

4.1 SQL 概述

SQL 是一种综合、通用、功能极强的关系数据库语言，同时简单易学，因此它被广泛接受。

4.1.1 SQL 的特点

SQL 的主要特点包括以下 3 个方面。

1. 综合统一

SQL 集数据查询、数据定义、数据操作和数据控制功能为一体，是一种一体化的语言，语言风格统一，可以独立完成数据库生命周期中的全部活动。

2. 高度非过程化

SQL 是一种高度非过程化语言。只需提出"做什么"，而无须指明怎么做，存取路径的选择以及 SQL 的操作过程由系统自动完成。这不但大大减轻了用户负担，而且有利于提高数据的独立性。

3. 语言简洁，易学易用

SQL 只有为数不多的几条命令，且其语法接近英语口语，十分简单，易学易用，对于数据统计方便直观。

SQL 的数据定义、操作、查询和控制功能的语言动词如表 4-1 所示。

表 4-1 SQL 的语言动词

SQL 功能	动词
数据定义	CREATE，DROP，ALTER
数据操作	INSERT，UPDATE，DELETE
数据查询	SELECT
数据控制	GRANT，REVOKE

4.1.2 SQL 的功能

SQL 的功能丰富，主要功能包括以下 4 点。

1. 数据定义

数据定义功能包括数据表的定义和索引的定义，如表 4-2 所示。

表 4-2　SQL 数据定义语句

操作对象	操作方式		
	创建	删除	修改
数据表	CREATE TABLE	DROP TABLE	ALTER TABLE
索引	CREATE INDEX	DROP INDEX	

2. 数据查询

数据查询是 SQL 的核心功能。它是从数据表中选取符合条件的记录操作。

3. 数据操作

数据操作包括数据插入、数据更新和数据删除操作。

4. 数据控制

数据控制是指对用户权限的授予和权限的回收操作。

4.2 SQL 数据定义

本节涉及 SQL 的数据定义功能，包括表的创建、表结构的修改、表的删除、索引的创建和索引的删除。

4.2.1 表的定义

1. 表的定义

CREATE 语句用于创建基本表、索引。

定义表 CREATE TABLE 命令格式如下。

```
CREATE  TABLE  <表名>
(<字段名 1><数据类型>[(字段宽度)][PRIMARY KEY][REFERENCES <父表名>[(<字段名 2>)]]
[, <字段名 3><数据类型> [(字段宽度)] [UNIQUE][REFERENCES <父表名>[(<字段名 4>)]]]…
[,[CONSTRAINT <索引名>] PRIMARY KEY(字段名 5,字段名 6,…)]
[,[CONSTRAINT <索引名>] UNIQUE(字段名 7,字段名 8,…)]
[,[CONSTRAINT <约束名>] FOREIGN KEY(<字段组合>)REFERENCES <父表名>[(<字段名 9
>)]]);
```

上述命令格式的相关说明如下。

（1）语法规则：<>表示其中的内容是必选项，[ ]中的内容是可选项，";"分号表示命令语句结束。

（2）PRIMARY KEY、UNIQUE：分别表示设置本字段为主键、索引(无重复)，每个表只能设置一个主键。

（3）REFERENCES ＜父表名＞：表示通过本字段（外部关键字）与父表主键建立关系，从而实施参照完整性。当外部关键字是字段组合（被参照关系父表的主键是字段组合）时，用 [CONSTRAINT ＜约束名＞] FOREIGN KEY(＜字段组合＞)REFERENCES ＜父表名＞[(＜字段名 9＞)]与父表建立关系。此时，＜字段名 9＞也是字段组合。字段组合格式是(字段 1,字段 2,…)。

（4）PRIMARY KEY(字段名 1,字段名 2,…)、UNIQUE(字段名 1,字段名 2,…)：用于建立"表级完整性约束"，即分别用多字段建立主键、无重复索引；若选择短语 CONSTRAINT ＜索引名＞，则为约束命名。

（5）字段级完整性约束除 PRIMARY KEY 、UNIQUE、FOREIGN KEY 外，还有 NOT NULL、NULL，分别约束字段值不可以为空、允许字段值为空。

（6）在 Access 中，CREATE TABLE 语句不支持 SQL 的 CHECK（字段有效性规则）约束和 DEFAULT（默认值）约束。

为了学习 SQL 语句的数据定义功能，我们需要删除原来的"学生成绩管理"中的所有表，并使用 SQL 语句重新创建所有表。为了在创建完表之后快速追加原有数据，可以使用第 2 章讲过的数据的导入和导出方法。在删除表之前，先将各表中的数据导出，然后创建完成后再重新导入即可。

例 4-1　创建数据表"学生"，其结构为：学号/文本/8/主键，姓名/文本/16，性别/文本/1，班级/文本/6，高考成绩/数字/长整型，籍贯/文本/50，政治面貌/文本/10，简历/备注，照片/OLE 型。

"学号/文本/8/主键"表示该字段名为学号，数据类型为文本，字段大小为 8，并设置为主键。

具体操作步骤如下。

（1）打开"学生成绩管理"数据库，选择"查询"对象，如图 4-1 所示。

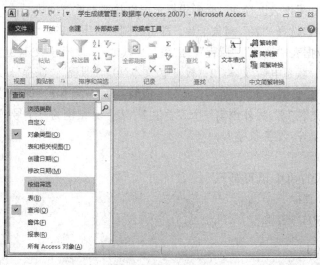

图 4-1　"学生成绩管理"数据库窗口

（2）单击"创建"选项卡上的"查询设计"按钮，然后关闭"显示表"对话框，并选择"设计"选项卡上的"查询类型"组中的" 数据定义"按钮，查询设计器切换到"SQL 视图"。在 SQL 视图中输入如下的 SQL 语句，如图 4-2 所示。

```
CREATE TABLE 学生
 (学号 TEXT(8) PRIMARY KEY
,姓名 TEXT(16)
,性别 TEXT(1)
,班级 TEXT(6)
,高考成绩 INTEGER
,籍贯 TEXT(50)
,政治面貌 TEXT(10)
,简历 MEMO
,照片 GENERAL);
```

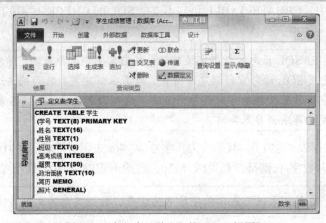

图 4-2 "定义表：学生"的"SQL 视图"

（3）命名为"定义表:学生"并保存。

（4）单击"设计"选项卡上的"结果"组中的"运行 ■"按钮，执行该 SQL 定义命令，即生成数据表"学生"。如果该表已存在，会弹出提示窗口并不再重新创建。

（5）在数据库窗口选择"表"对象卡片，即可看到"学生"表。

例 4-2 创建数据表"教师""课程""成绩"。"教师"：教师号/文本/3/主键，教师姓名/文本/16，出生日期/日期，联系电话/文本/12，教研室/文本/50。"课程"：课程号/文本/2/主键，课程名/文本/20，学分/数字/长整型，学时/数字/长整型。成绩：学号/文本/8，课程号/文本/2，成绩/数字/双精度型，教师号/文本/3）。另外创建一个"学生 2"表，其结构为：学号/文本/8/索引(无重复)，语文/数字/长整型，数学/数字/长整型。

具体操作方法如下。

创建"课程"表的 SQL 语句如下。

```
CREATE  TABLE 课程
 (课程号 TEXT(2)  PRIMARY  KEY
,课程名 TEXT(20)
,学分 INTEGER
,学时 INTEGER);
```

创建"教师"表的 SQL 语句如下。

```
CREATE  TABLE 教师
 (教师号 TEXT(3)  PRIMARY  KEY
```

```
,教师姓名 TEXT(16)
,出生日期 DATE
,联系电话 TEXT(12)
,教研室 TEXT(50));
```

创建"成绩"表的 SQL 语句如下。

```
CREATE  TABLE 成绩
(学号 TEXT(8)  REFERENCES 学生
,课程号 TEXT(2)  REFERENCES 课程
,成绩 FLOAT
,教师号 TEXT(3)  REFERENCES 教师
,CONSTRAINT 学号_课程号  PRIMARY  KEY(学号,课程号));
```

或

```
CREATE TABLE 成绩
(学号 TEXT(8)  REFERENCES 学生(学号)
,课程号 TEXT(2)  REFERENCES 课程(课程号)
,成绩 FLOAT
,教师号 TEXT(3)  REFERENCES 教师(教师号)
,CONSTRAINT 学号_课程号 PRIMARY  KEY(学号,课程号));
```

或

```
CREATE TABLE 成绩
(学号 TEXT(8)
,课程号 TEXT(2)
,成绩 FLOAT
,教师号 TEXT(3)
,CONSTRAINT 学号_课程号 PRIMARY  KEY(学号,课程号)
,CONSTRAINT 学号 FOREIGN  KEY(学号)  REFERENCES 学生(学号)
,CONSTRAINT 课程号 FOREIGN  KEY(课程号)  REFERENCES 课程(课程号)
,CONSTRAINT 教师号 FOREIGN  KEY(教师号)  REFERENCES 教师(教师号));
```

PRIMARY KEY(学号,课程号)是以"学号"、"课程号"两个字段建立主键,用于限制[学号]+[课程号]在"成绩"表出现重复值。SQL 语句中包含短语 CONSTRAINT 学号_课程号,指明该索引名为"学号_课程号"。把 PRIMARY KEY(学号,课程号)改为 UNIQUE(学号,课程号)建立无重复索引,起同样的约束效果。打开"成绩"表的"设计视图",单击"设计"选项卡上的"显示/隐藏"组中的"索引🖉"按钮,即打开"索引"对话框,如图 4-3 所示。

图 4-3　"成绩"表的"索引"对话框

创建"学生 2"表的 SQL 语句如下。

```
CREATE   TABLE 学生2
(学号 TEXT(8)  UNIQUE  REFERENCES 学生
,语文 INT
,数学 INT);
```

数据表"学生""课程""成绩""教师""学生 2"之间的关系如图 4-4 所示。它们的记录数据分别如图 3-2、图 3-3、图 3-4、图 3-5、图 3-23 所示。

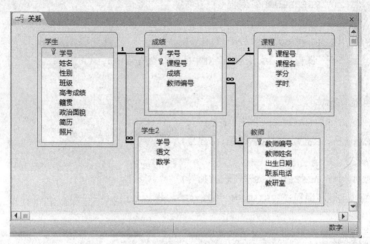

图 4-4 "学生成绩管理"数据库表之间的关系

2. 修改表结构

我们常常需要修改表中某个字段的属性。在创建表时应该有良好的设计，即使已经做好计划，有时仍然需要做些更改。用户可能需要添加字段、删除字段、改变字段名或数据类型，或者重新排列字段名顺序。他们可以随时对表进行更改。然而在向表中输入数据后，事情却变得更为复杂。用户必须确保任何更改不会影响到以前输入的数据。

ALTER TABLE 用于修改表结构，其命令格式如下。

```
ALTER TABLE <表名> ADD [COLUMN] <字段名><类型>[<字段宽度>];
ALTER TABLE <表名>ALTER [COLUMN] <字段名><类型>[<字段宽度>];
ALTER TABLE <表名> DROP [COLUMN] <字段名>;
```

上述命令格式的相关说明如下。

（1）ADD 表示添加新字段。

（2）ALTER 表示修改字段的类型和字段宽度。

（3）DROP 表示删除字段。

例 4-3 利用 SQL 语句实现下述功能。

（1）给"学生 2"表添加一个字段，字段名/类型为：地理/INT。

（2）修改新加字段地理的数据类型为 FLOAT。

（3）删除地理字段。

具体操作步骤如下。

在查询 SQL 视图中分别输入如下 SQL 语句，并单击"设计"选项卡上的"结果"组中的"运行■"按钮执行此 SQL 语句。

（1）ALTER TABLE 学生 2 ADD 地理 INT;

（2）ALTER TABLE 学生 2 ALTER 地理 FLOAT;

（3）ALTER TABLE 学生 2 DROP 地理;

3. 删除表

删除表的命令格式如下。

```
DROP TABLE <表名>
```

4.2.2 建立索引

如果经常依据特定的字段搜索表或对表的记录进行排序，可以通过创建该字段的索引来加快执行这些操作的速度。

使用索引可以更快速地查找和排序记录。当 Access 通过索引获得位置后，它可通过直接移到正确的位置来检索数据。这时，使用索引查找数据比扫描所有记录查找数据快很多。

可以根据一个字段或多个字段来创建索引。一般可为如下的字段创建索引：经常搜索的字段、进行排序的字段以及在多个表查询中连接到其他表中字段的字段。

索引可以加快搜索和查询速度，但在添加或更新数据时，索引可能会降低性能。若在包含一个或更多个索引字段的表中输入数据，则每次添加或更改记录时，Access 都必须更新索引。若目标表包含索引，则通过使用追加查询或通过追加导入的记录来添加数据可能会比平时慢。

主键：表中的主键是自动创建索引的。

多字段索引：如果经常同时依据两个或更多个字段进行搜索或排序，可以为该字段组合创建索引。

创建多字段索引时，要设置字段的次序。如果在第一个字段中的记录具有重复值，那么 Access 会接着依据为索引定义的第二个字段来进行排序，依次类推。

一个多字段索引中最多包含 10 个字段。

1. 定义索引

建立索引 CREATE INDEX 命令格式如下。

```
CREATE INDEX <索引名> ON <表名>(<索引表达式 [ASC|DESC]>);
CREATE UNIQUE INDEX <索引名> ON <表名>(<索引表达式 [ASC|DESC]>);
CREATE INDEX <索引名> ON <表名>(<索引表达式 [ASC|DESC]>)WITH PRIMARY;
```

上述命令格式的相关说明如下。

（1）UNIQUE 表示设置索引（无重复）。

（2）WITH PRIMARY 表示设置主键。

（3）[ASC|DESC]表示升/降序，缺省时为升序。

例 4-4 给"教师"表的"教研室"字段创建一个索引（有重复）。

具体操作步骤如下。

在查询 SQL 视图中输入如下 SQL 语句，并单击"设计"选项卡上的"结果"组中的"运行▓"按钮。

```
CREATE INDEX 教研室 ON 教师(教研室);
```

2. 删除索引

索引一经建立，就有系统使用和维护它，无须用户干预。如果数据变更频繁，系统就会花费许多时间来维护索引，从而降低了查询效率。如果发现某个索引已变得多余或对性能的影响太大，就可以删除它。删除索引时，只会删除索引而不会删除建立索引时所依据的字段及相应的数据。

在 SQL 中，删除索引使用 DROP INDEX 语句实现，其一般格式如下。

```
DROP INDEX <索引名> ON <表名>;
```

例 4-5 删除"教师"表的"教研室"字段的索引(有重复)。

具体操作步骤如下。

在查询 SQL 视图中输入如下 SQL 语句，并单击"设计"选项卡上的"结果"组中的"运行■■"按钮。

DROP INDEX 教研室 ON 教师;

练习：

（1）删除"成绩"表的主键；

（2）重新给"成绩"表建立主键。

答案：

（1）DROP INDEX 学号_课程号 ON 成绩；

（2）CREATE INDEX 学号_课程号 ON 成绩(学号,课程号)WITH PRIMARY。

4.3　SQL 数据操作

SQL 数据操作功能包括插入记录、更新记录和删除记录，对应于向表中添加记录数据行、修改表中的数据和删除表中若干行记录，相应的 SQL 语句分别是 INSERT、UPDATE 和 DELETE 语句。本节中有部分例子使用了 SELECT 子查询（4.4.4 嵌套查询），可以在 4.4.4 节后了解这些例子。

4.3.1　插入数据

INSERT 语句用于向数据表中插入记录，通常有两种形式，一是插入一条记录（元组），二是插入子查询的结果。

命令格式 1：添加单个记录。

```
INSERT INTO <目标表名>[(<字段名 1>[,<字段名 2>[,…]])]
VALUES(<表达式 1>[,<表达式 2>[,…]]);
```

命令格式 2：插入子查询结果，即从其他表向指定表添加记录。

```
INSERT INTO <目标表名>[(<字段名 1>[,<字段名 2>[,…]])]
SELECT [<数据源表名>.]<字段名 1>[,<字段名 2>[,…]]
FROM <数据源表名>;
```

上述命令格式的相关说明如下。

（1）命令格式 1 将新记录插入指定的表中，其中，<表达式 1>、<表达式 2>……的值分别对应<字段名 1>、<字段名 2>……指定的字段。

（2）如要将子查询的结果插入指定表中，把 VALUES 子句换为子查询名即可。

（3）命令格式 2 中<目标表名>参数指定要添加记录的数据表或查询，跟在其后的字段名 1、字段名 2 等参数指定要添加数据的字段；跟在 SELECT 后的字段名 1、字段名 2 等参数指定要提供数据的<数据源表>的字段。

例 4-6 向"学生"表中插入一条记录（学号，15070202；姓名，元方；性别，女；班级，英语 1502；高考成绩，549，籍贯，山西；政治面貌，团员）。

具体操作步骤如下。

在"SQL 视图"中输入如下 SQL 语句，如图 4-5 所示，并单击"运行"按钮执行，效果如图 4-6 所示。

```
INSERT
INTO 学生(学号,姓名,性别,班级,高考成绩,籍贯,政治面貌)
VALUES('15070202', '元方', '女', '英语1502',549, '山西', '团员');
```

图 4-5 "插入记录"的"SQL 视图"

学号	姓名	性别	班级	高考成绩	籍贯	政治面貌	简历	照片
15070101	叶路云	女	英语1501	572	四川	团员		
15070102	焦锡鉴	男	英语1501	567	山西	群众		
15070103	陈乔	女	英语1501	541	陕西	团员		
15070201	臧韶岩	男	英语1501	581	江西	团员		
15070202	元方	女	英语1502	549	山西	团员		
15070204	陈乔	女	英语1502	555	湖南	群众		

图 4-6 执行 SQL 命令后的"学生"表记录

INTO 子句，指出要增加的记录在哪些字段上要赋值，字段的顺序可以与表结构的顺序不一致。VALUES 子句对新记录的各字段赋值。

例 4-7 把学生陈乔的考试信息（学号，15070103；课程号，01；成绩，81；教师号，T31）插到"成绩"表中。

SQL 语句如下。

```
INSERT
INTO 成绩
VALUES('15070103', '01',81, 'T31')
```

例 4-7 与例 4-6 的区别是前者的 INTO 子句中仅写了表名而没指明字段名。原因是当给所有字段都赋值时，可以缺省字段名。但要注意 VALUES 子句中的字段值次序要与表结构的字段次序相同。

例 4-8 从其他表向指定表添加记录，插入子查询结果。在数据库中建立一个新表"总成绩"（学号/文本/8/主键，总分/双精度型），把"成绩"表中考试课程门数大于等于 3 的每个学生的总成绩存入到新表中。

具体操作步骤如下。

（1）创建新表"总成绩"的 SQL 语句如下。

```
CREATE TABLE 总成绩
(学号 TEXT(8)  PRIMARY  KEY
,总分 FLOAT);
```

（2）把从"成绩"表中查询到的学号和总分（SUM(成绩)）存入到新表中的 SQL 语句如下。

```
INSERT INTO 总成绩(学号,总分)
SELECT 成绩.学号, SUM(成绩)
FROM 成绩
GROUP BY 学号 HAVING COUNT(*)>=3;
```

"SQL 视图"如图 4-7 所示，SQL 语句中短语 GROUP BY 表示分组，HAVING 是分组筛选条件，函数 COUNT( )是合计函数（详见 4.4.1 节）。插入记录后的"总成绩"表记录如图 4-8 所示。

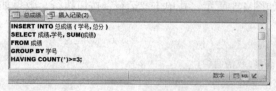

图 4-7 "插入记录（2）"的"SQL 视图"　　　图 4-8 插入记录后的"总成绩"表记录

 SQL 带子查询的插入语句的结构为 INSERT INTO-SELECT-FROM-WHERE，而生成表查询的 SQL 语句结构为 SELECT-INTO-FROM-WHERE。当它们相对应的子句中的内容一样时，它们的"数据表视图"中的数据是相同的，区别在于运行结果，前者是追加记录在 INSERT INTO <表名>中的表的尾部，而后者则是先把 INTO <表名>中的表原来的记录删除掉，再追加新记录。

4.3.2　更新数据

UPDATE 语句用于修改数据表中记录的字段值。其命令格式如下。

```
UPDATE <表名>
  SET <字段名 1>=<表达式 1>[,<字段名 2>=<表达式 2>[,…]]
  [WHERE <条件表达式>];
```

功能：更新指定表中满足<条件表达式>的记录（元组），将<字段名 1>、<字段名 2>……指定的字段的值分别更新为<表达式 1>、<表达式 2>……的值。

利用结构相同的表更新记录的 SQL 语句格式如下。

```
UPDATE <表名 1> INNER JOIN <表名 2> ON <连接条件>
  SET <表名 1>.<字段名 1> = <表名 2>.<字段名 1>, …
  WHERE <条件表达式>;
```

功能：按照<条件表达式>用表名 2 的记录更新（或部分字段）表名 1 的记录（或部分字段）。

例 4-9　把"成绩"表中 90 分及以上的学生，在"学生"表中的班级改为 A。

具体操作步骤如下。

在 SQL 视图中输入下列 SQL 语句（如图 4-9 所示），并单击"运行"按钮执行该查询。

```
UPDATE 学生
  SET 班级= 'A '
WHERE 学号 IN(SELECT 学号 FROM 成绩 WHERE 成绩>=90)
```

或

```
UPDATE 学生
  SET 班级 = 'A '
  WHERE EXISTS (SELECT * FROM 成绩 WHERE 学生.学号=成绩.学号 AND 成绩>=90);
```

被更新的"学生"表如图 4-10 所示。

 本例的更新条件中用到了子查询 SELECT，是带子查询的更新语句。

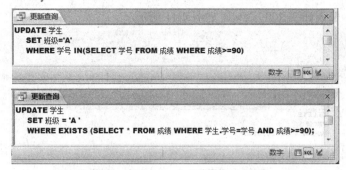

图 4-9　“修改班级=“A”的“SQL 视图”

学号	姓名	性别	班级	高考成绩	籍贯	政治面貌	简历
15070101	叶路云	女	A	572	四川	团员	
15070102	焦锡鉴	男	英语1501	567	山西	群众	
15070103	陈乔	女	英语1501	541	陕西	团员	
15070201	臧韶岩	男	A	581	江西	团员	
15070202	元方	女	英语1502	549	山西	团员	
15070204	陈乔	女	英语1502	555	湖南	群众	

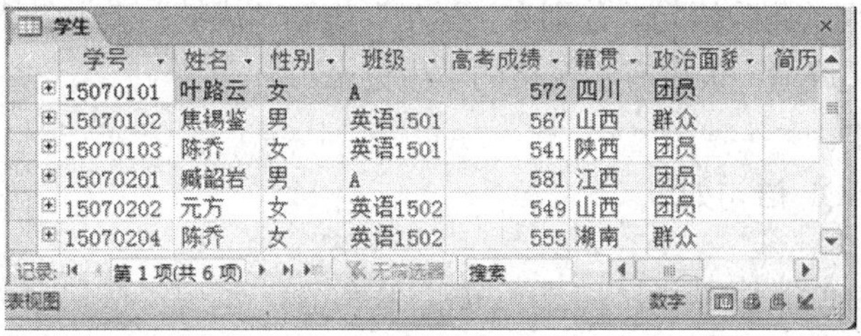

图 4-10　运行更新查询后的“学生”表的记录

练习：

根据学号中包含的信息把班级由“A”改回原来的值。

答案：

```
UPDATE 学生
SET 班级=IIF(MID(学号,3,2)= '07', '英语' & MID(学号,1,2) & MID(学号,5,2), '')
WHERE 班级='A';
```

4.3.3　删除数据

DELETE 用于删除数据表中的记录，其命令格式如下。

```
DELETE *
FROM <表名>
[WHERE <条件表达式>];
```

或

```
DELETE
FROM <表名>
[WHERE <条件表达式>];
```

说明 有条件短语 WHERE 时，删除满足<条件表达式>的记录；缺省时，则删除表的所有记录。删除语句也可以带子查询。

例 4-10　删除“学生”表中学号为“15070103”的学生记录。说明：当“学生”表与“成绩”表之间设置了“级联删除相关记录”时，才能有效执行该查询，因为在“成绩”表中有一条（由例 4-7 插入的）学号为“15070103”的相关记录。执行查询后，“学生”表、“成绩”表中学号为“15070103”的记录都被删除。

具体操作步骤如下。

在 SQL 视图中输入如下 SQL 语句（如图 4-11 所示）。

```
DELETE
FROM 学生
WHERE 学号='15070103';
```

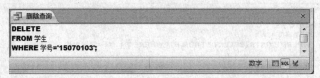

图 4-11 "删除查询"的"SQL 视图"

例 4-11 带子查询的删除语句。分别在"学生"表和"成绩"表中各插入一条记录，然后删除"学生"表中的在"成绩"表中有不及格的学生记录。

具体操作步骤如下。

（1）插入记录的 SQL 语句如下。

```
INSERT
INTO 学生(学号,姓名,性别,班级,高考成绩,籍贯,政治面貌)
 VALUES('15070203', '聂彦', '男', '英语1502',551, '山东', '团员');
 INSERT INTO 成绩
VALUES ('15070203', '01', 59, 'T31');
```

（2）删除记录，执行如下 SQL 删除操作（如图 4-12 所示）。

```
DELETE *
FROM 学生
WHERE EXISTS
(SELECT * FROM 成绩 WHERE 学生.学号=成绩.学号 AND 成绩<60)
```

图 4-12 "删除查询"的"SQL 视图"

注意观察例 4-10、例 4-11 中的"成绩"表中相关记录的级联删除。

数据定义和数据操作属于 Access SQL 特定查询。特定查询还包括传递查询、联合查询。这两种特定查询将在 4.4.5 节中叙述。

4.4 SQL 数据查询

数据查询是数据库的核心操作。SQL 提供了 SELECT 语句进行数据查询。该语句是 SQL 的核心，功能强、变化形式多。

4.4.1 SELECT 语句的格式

SELECT 语句的功能是返回数据表中的全部或部分满足条件的记录，其命令格式如下。

```
SELECT [ALL|DISTINCT]<字段名 1>[AS<别名 1>][,<字段名 2>[AS<别名 2>]][,…]
   FROM <表名 1>[,<表名 2>][,…]
   [WHERE <条件表达式 1>]
   [GROUP BY <字段名 i>[,<字段名 j>][,…][HAVING <条件表达式 2>]]
   [ORDER BY <字段名 m>[ASC|DESC] [,<字段名 n>[ASC|DESC]][,…ASC|DESC]]];
```

为便于理解，也可写为如下形式。

```
SELECT [ALL|DISTINCT]<输出选项>
   FROM <数据源表或查询>
   [WHERE <筛选条件>]
   [GROUP BY <分组选项>[HAVING <分组筛选条件>]]
   [ORDER BY <排序选项>[ASC|DESC]];
```

功能：从 FROM 子句所指定的表中返回满足 WHERE 子句所指定的条件的记录集，而该记录集只包含 SELECT 语句所指定的字段。

上述命令格式的相关说明如下。

（1）命令格式中"<>""[ ]"分别表示必选项和可选项，"|"表示其前后任选一项。

（2）当查询输出表的全部字段时，可以使用通配符"*"来表示。输出选项中可以包含计算字段，以及合计函数 SUM( )、AVG( )、MAX( )、MIN( )、COUNT( )或 COUNT(*)、FIRST( )、LAST( )、STDEV( )和 VAR( )。合计函数用于总计计算，可以确定各种统计信息，其中，SUM( )和 AVG( )只能对数字型字段进行数值计算。在使用 SQL 合计函数时，常常需要进行分组统计。这就需要配合使用 GROUP BY 子句。

（3）当查询涉及多个表时，字段名加前缀，格式为<表名>.<字段名>。所有表的字段名无重复时，可以省略"<表名>."。

（4）若表名或字段名含有空格，则需要用一对方括号"[ ]"括住该名称。

（5）字段名可以使用别名，格式为<字段名> AS <别名>。由此产生的记录集的字段名（列名）由别名指定。

（6）SELECT 语句末尾有一西文分号";"。当没有写";"时，系统会自动加上。

（7）ALL|DISTINCT 表示查询结果中包含或去掉重复记录。ALL 是默认值，表示所有满足条件的记录。DISTINCT 表示只保留一条重复数据的记录。

（8）GROUP BY 子句将查询结果按指定的字段（一个或多个字段）分组。HAVING 表示对分组值进行筛选。分组选项可以写成 SELECT 子句中输出选项的序号。

（9）ORDER BY 子句将查询结果按指定的字段表（一个或多个字段，也可以包含计算字段）进行排序。ASC|DESC 表示升序或降序排序。若省略 ASC|DESC，则按升序排序（ASC）。排序选项可以写成 SELECT 子句中的序号。

（10）FROM <表名 1>[,<表名 2>][,…]子句还可以使用如下格式。

```
FROM <表名 1> INNER JOIN (<表名 2> [INNER JOIN (<表名 3>…]
   [[ON…]
   [ON<连接条件 2>)]])
   ON <连接条件 1>;
```

INNER JOIN 的顺序和 ON 的顺序是逆着的。若不使用以上格式，则表之间的连接条件写在 WHERE 子句中，格式为<连接条件 1> AND <连接条件 2>…。

（11）TOP 短语的使用，指定返回排序在前面一定数量的记录数据其格式为如下。

```
SELECT [TOP integer [PERCENT]]<输出项目> FROM <表名>…;
```

其中，TOP integer 表示返回最前面由 integer 指定数量的行，TOP integer PERCENT 按百分比返回行数。TOP integer [PERCENT]与打开查询"设计视图"时显示的"设计"选项卡上的"上限值"框相对应，例如，SQL 语句 TOP 25 PERCENT 对应于"返回:25%   "。

4.4.2　单表查询

1．查询全部列

查询可以选择一个表的全部或部分属性列（字段）。

例 4-12　查询"学生"表所有的详细记录。

具体操作步骤如下。

单击"设计"选项卡上的"结果"组中"视图"下的"SQL 视图"，在查询的"SQL 视图"中输入以下查询语句，如图 4-13 所示，并运行，查询结果如图 4-14 所示。

```
SELECT *
FROM 学生;
```

图 4-13　"选择查询"的"SQL 视图"

图 4-14　"选择查询"的"数据表视图"

2．查询指定列

例 4-13　查询"学生"表中学号为 1507102 的记录。

SQL 语句如下，运行结果如图 4-15 所示。

```
SELECT *
FROM 学生
WHERE 学号='15070102';
```

图 4-15　"选择查询"的查询结果

3．谓词 LIKE 字符匹配查询

谓词 LIKE 可以用来进行字符匹配查询，其命令格式如下。

```
[NOT]LIKE <字符串>;
```

Access 支持通配符 "*" "?" "#" "[字符表]" 和 "[!字符表]" 进行模糊查询。"*"代表任意长度（长度可以是 0）的字符串；"?"代表单个任意字符；"#" "[字符表]" 和 "[!字符表]" 的意义参见 3.2.3 节。

例 4-14 查询"学生"表中姓名为臧韶岩的记录。

SQL 语句如下。

```
SELECT *
FROM 学生
WHERE 姓名 LIKE '臧韶岩'
```

例 4-15 查询"学生"表中所有姓叶的学生记录。

SQL 语句如下。

```
SELECT *
FROM 学生
WHERE 姓名 LIKE '叶*'
```

思考：把查询的筛选条件分别改为"WHERE 姓名 LIKE '叶?'"及"WHERE 姓名 LIKE '叶??'"后，查询结果如何？

4. 查询计算字段

SELECT 子句的<输出选项>不仅可以是表的属性列，还可以是表达式。

例 4-16 查询"学生 2"表的学号及总分（即语文与数学的和）。

具体操作步骤如下。

在 SQL 视图下输入如下 SQL 语句并保存为"选择查询"，然后运行，查询结果如图 4-16 所示。

```
SELECT 学号,语文+数学 AS 总分
FROM 学生 2;
```

"语文+数学"是表达式，即计算字段。

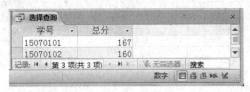

图 4-16 查询结果

4.4.3 多表连接查询

当查询涉及两个以上的表时，该查询称为连接查询。以 3 个表为例的命令格式如下。

```
FROM <表名 1> INNER JOIN (<表名 2> INNER JOIN <表名 3>ON<连接条件 2>)
ON <连接条件 1>;
```

或

```
FROM <表名 1> ,<表名 2>,<表名 3> WHERE <连接条件 1> AND <连接条件 2>;
```

1. 简单的多表查询

从多个表中选择全部或部分属性列。

例 4-17 从"学生""课程""成绩"3 个表中查询每个学生的学号、姓名、课程名、成绩。

具体操作步骤如下。

在 SQL 视图中输入如下语句。

```
SELECT 学生.学号, 姓名, 课程名, 成绩
FROM 学生 INNER JOIN (成绩 INNER JOIN 课程 ON 课程.课程号=成绩.课程号)
 ON 学生.学号=成绩.学号;
```

查询结果如图4-17所示。

图4-17　查询结果

2. 分组及计算查询

SQL可以通过合计函数进行分组计算查询，还可以通过短语HAVING限定满足条件的分组。

　当采用GROUP BY短语按某字段（或字段组合，或以西文","分开的多个字段）进行分组查询时，输出选项是针对分组进行合计计算的对象。因此，在输出字段里除了可以包含分组字段外，其他输出选项必须是合计函数或含有合计函数的计算字段。

例4-18　从"学生""课程""成绩"三个表中查询每个学生的学号、姓名、总分、总学分，并按学号升序排列。要求"成绩"表中参与计算的成绩为60分及以上。

SQL语句如下。

```
SELECT 学生.学号, 姓名, SUM(成绩) AS 总分, SUM(学分) AS 总学分
FROM 学生 INNER JOIN (成绩 INNER JOIN 课程 ON 课程.课程号=成绩.课程号)
ON 学生.学号=成绩.学号
WHERE 成绩>=60
GROUP BY 学生.学号, 姓名
ORDER BY 学生.学号;
```

　WHERE子句指定记录满足的条件。GROUP BY子句按一列或多列的值分组，本例按学号和姓名分组。ORDER BY指定按学号的升序排序输出。

　当姓名出现在输出项目中时，GROUP BY子句中","姓名"必不可少；字段"学生.学号"在输出子句中排在第一位，所以在ORDER BY子句中，"学生.学号"可以用1代替，即ORDER BY 1。

查询结果如图4-18、图4-19所示。

图4-18　"选择查询"的查询结果　　　　　图4-19　查询结果

本例也可仅按学号分组（GROUP BY 学生.学号），此时，输出选项中的姓名应换为合计函数 FIRST(学生.姓名) AS 姓名。

例 4-19　从"学生""课程""成绩"3 个表中查询每个学生的学号、姓名、总分、总学分，要求"成绩"表中参与计算的成绩为 60 分及以上，并符合以下要求。

（1）总学分在 9 分及以上。

（2）总分在 240 分及以上。

（1）的 SQL 语句如下。

```
SELECT 学生.学号, FIRST(学生.姓名) AS 姓名, SUM(成绩) AS 总分, SUM(学分) AS 总学分
FROM 学生 INNER JOIN (成绩 INNER JOIN 课程 ON 课程.课程号=成绩.课程号)
 ON 学生.学号=成绩.学号
WHERE 成绩>=60
GROUP BY 学生.学号 HAVING SUM(学分)>=9
ORDER BY 学生.学号;
```

（2）的 SQL 语句如下。

```
SELECT 学生.学号, FIRST(学生.姓名) AS 姓名, SUM(成绩) AS 总分, SUM(学分) AS 总学分
FROM 学生 INNER JOIN (成绩 INNER JOIN 课程 ON 课程.课程号=成绩.课程号)
 ON 学生.学号=成绩.学号
WHERE 成绩>=60
GROUP BY 学生.学号 HAVING SUM(成绩)>=240
ORDER BY 学生.学号;
```

（1）和（2）的查询结果如图 4-19 所示。

例 4-20　从"学生""课程""成绩"3 个表中查询每个学生的学号、姓名、总分、总学分和及格课程门数，且指定及格课程在 3 门及以上或总分在 200 分及以上的记录。

SQL 语句如下。

```
SELECT 学生.学号, FIRST(学生.姓名) AS 姓名, SUM(成绩) AS 总分, SUM(学分) AS 总学分,
COUNT(*) AS 及格课程门数
FROM 学生 INNER JOIN (成绩 INNER JOIN 课程 ON 课程.课程号=成绩.课程号)
 ON 学生.学号=成绩.学号
WHERE 成绩>=60
GROUP BY 学生.学号 HAVING COUNT(*)>=3 OR SUM(成绩)>=200
ORDER BY 学生.学号;
```

查询结果如图 4-20 所示。

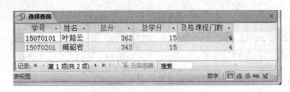

图 4-20　查询结果

3. 自身连接查询

连接查询可以是一个表与其自己进行连接，称为自连接查询。

例 4-21　创建一个"班级"表，SQL 语句如下。

```
CREATE TABLE 班级
```

```
(干部编号 TEXT(2)
,职务 TEXT(16)
,领导 TEXT(2));
```

其记录如图 4-21 所示。建立自连接查询，查询班级内部的学生隶属情况。

自连接查询 SQL 语句如下。

```
SELECT FIRST.职务, '领导' AS 领导,SECOND.职务
FROM 班级 FIRST,班级 SECOND
WHERE FIRST.干部编号 =SECOND.领导;
```

查询结果如图 4-22 所示。

图 4-21 "班级"表记录　　　　　图 4-22 "自连接"的查询结果

（1）FROM 子句中"班级 FIRST,班级 SECOND"的含义是给数据源表"班级"起了两个别名，即"FIRST""SECOND"，从逻辑上变为两个表"FIRST""SECOND"。
（2）输出选项"'领导'AS 领导"为常量，并指定要显示的字段名（别名）是"领导"，如图 4-22 所示。

4.4.4 嵌套查询

SQL 中的一个 SELECE-FROM-WHERE 称为一个查询块。一个查询块可以嵌套在另一个查询块的 WHERE 子句或 HAVING 短语中。上层的查询叫外层查询，下层的查询叫内层查询或子查询，而外层查询依赖于内层查询。SQL 允许多层嵌套。这正是 SQL "结构化"的含义所在。

1. 带有谓词[NOT] IN 的子查询

在嵌套查询中，子查询的结果往往是一个集合，用 IN 表示包含在此集合中。

例 4-22 从"学生"表查询高考成绩大于等于 560 分的学生记录，查询结果按高考成绩降序排序。

SQL 语句如下。

```
SELECT *
FROM 学生
WHERE 学号 IN(SELECT 学号 FROM 学生 WHERE 高考成绩>=560)
ORDER BY 5 DESC;
```

查询结果如图 4-23 所示。

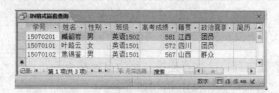

图 4-23 "IN 格式嵌套查询"的查询结果

排序子句中"5 DESC"表示按输出的第五个字段（高考成绩）降序输出。

2．带有比较运算符的子查询

当确定子查询的结果是单值时，可以使用比较运算符>、>=、<、<=、=、!=、<>。

例 4-23　从"学生"表查询高考成绩大于等于所有学生的高考成绩平均值的记录，查询结果按学号升序排列。

SQL 语句如下。

```
SELECT *
FROM 学生
WHERE 高考成绩>=(SELECT AVG(高考成绩) FROM 学生)
ORDER BY 1;
```

查询结果如图 4-24 所示。

图 4-24　"带比较运算格式嵌套查询"的查询结果

3．带有谓词 ANY（SOME）或 ALL 的子查询

这种子查询的形式为[NOT] <表达式><比较运算符>[ALL|ANY|SOME](子查询)。

　　　　当子查询返回单条记录时，可以缺省谓词。当子查询结果为函数值时，不能写谓词。

例 4-24　从"成绩"表查询成绩大于学号为"15070102"的所有课程成绩的学生在"成绩"表中的信息，查询结果按学号升序排列。

SQL 语句如下。

```
SELECT *
FROM 成绩
WHERE 成绩>ALL(SELECT 成绩 FROM 成绩 WHERE 学号='15070102')
ORDER BY 1;
```

查询结果如图 4-25 所示。

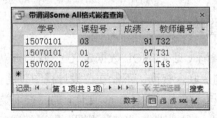

图 4-25　"带谓词格式嵌套查询"的查询结果

思考练习：下面的两条查询命令的执行结果是什么？

（1）SELECT *

```
FROM 成绩
```

```
WHERE 成绩>=SOME(SELECT 成绩 FROM 成绩 WHERE 学号='15070102')
ORDER BY 1;
```

（2）SELECT *

```
FROM 成绩
WHERE 成绩>ANY(SELECT 成绩 FROM 成绩 WHERE 学号='15070102')
ORDER BY 1;
```

4. 带有谓词 EXISTS 的子查询

这种子查询的形式为[NOT] EXISTS(子查询)。

[NOT]EXISTS(子查询)用来检查子查询是否有结果返回，即存在记录或不存在记录。[NOT]EXISTS 只是判断子查询中是否有结果返回，其本身没有运算或比较。[NOT]EXISTS(子查询)实际是一种内外层相关的嵌套查询，只有当内层引用了外层的值，这种查询才有意义。

例 4-25 查询在"成绩"表中成绩为 90 分及以上的学生在"学生"表中的信息，查询结果按学号升序排列。

SQL 语句如下。

```
SELECT *
FROM 学生
WHERE EXISTS
(SELECT * FROM 成绩 WHERE 学生.学号=成绩.学号 AND 成绩>=90)
ORDER BY 1;
```

查询结果如图 4-26 所示。

图 4-26 "带谓词 EXISTS 格式嵌套查询"查询结果

思考练习：下面的 SQL 语句的执行结果是什么？

```
SELECT *
FROM 学生
WHERE NOT EXISTS
  (SELECT * FROM 成绩 WHERE 学生.学号=成绩.学号 AND 成绩>=90)
ORDER BY 1;
```

4.4.5 SQL 特定查询

SQL 特定查询包括定义查询（见 4.2 SQL 数据定义）、联合查询和传递查询。

对于数据定义、传递查询、联合查询，不能在"设计视图"的"设计网格"区创建，必须在"SQL 视图"中创建 SQL 语句。单击"设计"选项卡上的"查询类型"组中的"数据定义""传递""联合"按钮即可。事实上，只要进入"SQL 视图"即可编辑。

1. 联合查询 UNION

SELECT 查询的结果是元组（记录）的集合。多个 SELECT 语句的结果可以进行集合并操作（UNION）。

例 4-26　查询英语 1502 班的学生及高考成绩大于 570 分的学生。

SQL 语句如下。

```
SELECT 学号,姓名,班级,高考成绩
FROM 学生
WHERE 班级='英语 1502'
UNION
SELECT 学号,姓名,班级,高考成绩
FROM 学生
WHERE 高考成绩>=570;
```

查询结果如图 4-27 所示。

UNION查询

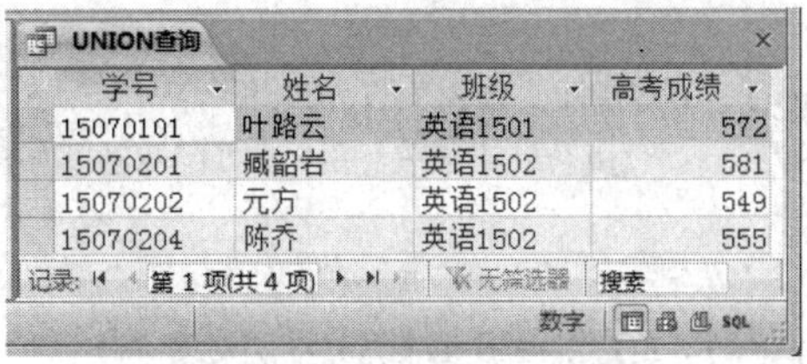

学号	姓名	班级	高考成绩
15070101	叶路云	英语1501	572
15070201	臧韶岩	英语1502	581
15070202	元方	英语1502	549
15070204	陈乔	英语1502	555

记录: 第 1 项(共 4 项)　无筛选器　搜索　数字

图 4-27　“UNION 查询”的查询结果

例 4-27　查询选择了课程 01 或课程 02 的学生。

SQL 语句如下。

```
SELECT *
FROM 成绩
WHERE 课程号='01'
UNION ALL
SELECT *
FROM 成绩
WHERE 课程号='02';
```

查询结果如图 4-28 所示。

注意　此时后一个查询的结果跟在前一个查询结果的后边。

说明　如 UNION 后无 ALL，则查询结果中的记录如图 4-29 所示。此时两个查询的记录相互交叉，按学号排序。

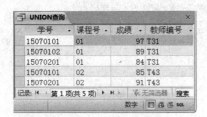

UNION查询

学号	课程号	成绩	教师编号
15070101	01	97	T31
15070102	01	89	T31
15070201	01	84	T31
15070101	02	85	T43
15070201	02	91	T43

记录: 第 1 项(共 5 项)　无筛选器　搜索　数字

图 4-28　联合查询的结果

UNION查询

学号	课程号	成绩	教师编号
15070101	01	97	
15070101	02	85	
15070102	01	89	
15070201	01	84	
15070201	02	91	

记录: 第 1 项(共 5 项)　无筛选器　搜索　数字

图 4-29　UNION 后未跟 ALL 时的联合查询结果

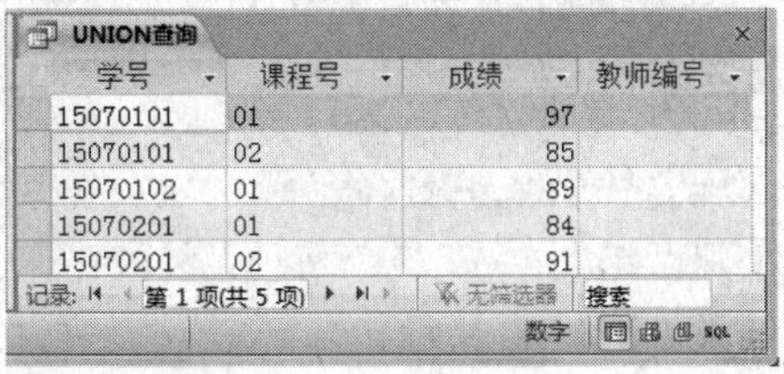

2. 传递查询

传递查询使用服务器能接受的命令，直接将命令发送到 ODBC 数据库。可以使用传递查询来

检索记录或更改数据。

4.4.6　SQL 交叉表查询

交叉表查询的 SQL 语句结构如下。

```
TRANSFORM <用于汇总项字段：值；总计、平均值、…>
  SELECT <用于分类字段：分组；行标题>, <用于汇总项字段：行标题；总计、平均值、……>
  FROM <数据源表或查询>
  WHERE <筛选条件>
  GROUP BY <用于分类字段：分组；行标题>
  PIVOT <分组列标题>;
```

或表达成

```
TRANSFORM <(针对列标题的单个由合计函数表达的)汇总值>
  SELECT <分组行标题(列表)>, <(由合计函数表达的)汇总行标题(列表)>
  FROM <数据源表或查询>
  WHERE <筛选条件>
  GROUP BY <分组字段(列表)(分组行标题为其部分或全部)>
  PIVOT <分组列标题(在分组字段基础上再以列标题分组)>
```

功能：通过末尾的 PIVOT <分组列标题>，指定交叉表的列标题，通过 SELECT 后面的<分组行标题(列表)>指定行标题，通过 SELECT 之前的 TRANSFORM 指定行列交叉点的汇总函数。

事实上，交叉表查询可以理解为：在分组查询的基础上，在 SELECT 前加 TRANSFORM 短语，而在分组查询的末尾加 PIVOT 短语。这意味着在查询的数据表视图的右边加上列标题（PIVOT），列标题下加入针对列标题的汇总值（TRANSFORM）。

 SQL 语句 TRANSFORM 的 GROUP BY 短语中不能包含 HAVING 子句，ORDER BY 子句不起作用；（汇总）值可以是单个包含合计函数的表达式。

例 4-28　以"学生""成绩""课程"表的分组查询（SELECT 学生.学号,姓名,SUM(成绩)AS 总分,COUNT(*)AS 及格门数 GROUP BY 学生.学号,姓名）为基础，创建一个交叉表查询，以"学号"和"姓名"为行标题、"课程名"为列标题，汇总每个学生的总分、及格门数及各门课的成绩。SQL 语句如下。

```
TRANSFORM  FIRST(成绩)
SELECT 学生.学号,姓名,SUM(成绩) AS 总分,COUNT(*) AS 及格门数
FROM 学生 INNER JOIN (成绩 INNER JOIN 课程 ON 成绩.课程号=课程.课程号)
  ON 学生.学号=成绩.学号
WHERE 成绩>=60
GROUP  BY 学生.学号,姓名
PIVOT 课程名;
```

运行结果如图 4-30 所示。

 SELECT 子句中若没有"学号""姓名"，则查询结果中将没有"学号"和"姓名"两列。TRANSFORM <值>中的值字段要指明其汇总方式（合计函数），除非 PIVOT <列标题>中的列标题字段与值字段相同。

学号	姓名	总分	及格门数	基础数学	计算机基础	人的进化	数据库基础
15070101	叶路云	362	4	85	97	89	91
15070102	焦锡鉴	171	2		89		82
15070201	臧韶岩	343	4	91	84	89	79

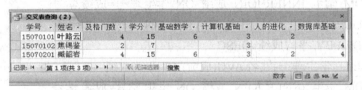

图 4-30　交叉表查询结果（TRANSFORM FIRST(成绩)）

若改写 TRANSFORM　FIRST(成绩) 为 TRANSFORM　COUNT(*)，表示查询每位学生的学号、姓名、总分、及格门数及该学生选修各门课程的选修次数。查询结果如图 4-31 所示。

学号	姓名	总分	及格门数	基础数学	计算机基础	人的进化	数据库基础
15070101	叶路云	362	4	1	1	1	1
15070102	焦锡鉴	171	2		1		1
15070201	臧韶岩	343	4	1	1	1	1

图 4-31　交叉表查询结果（TRANSFORM COUNT(*)）

例 4-29　从“学生”“成绩”“课程”表中查询每个人的及格门数、总学分及各门课的学分。SQL 语句如下。

```
TRANSFORM  FIRST(课程.学分)
 SELECT 学生.学号,姓名,COUNT(*) AS 及格门数,SUM(课程.学分) AS 学分
 FROM 学生 INNER JOIN (成绩 INNER JOIN 课程 ON 成绩.课程号=课程.课程号)
   ON 学生.学号=成绩.学号
 WHERE 成绩>=60
 GROUP BY 学生.学号,姓名
 PIVOT 课程名;
```

运行结果如图 4-32 所示。

学号	姓名	及格门数	学分	基础数学	计算机基础	人的进化	数据库基础
15070101	叶路云	4	15	6	3	2	4
15070102	焦锡鉴	2	7		3		4
15070201	臧韶岩	4	15	6	3	2	4

图 4-32　“交叉表查询”结果

习 题 4

一、单项选择题

1. 使用“SELECT Top 5 * FROM 成绩”语句得到的结果集中有（　　）条记录。

　A. 10　　B. 2　　C. 5　　D. 6

2. 已知“借阅”表中有“借阅编号”“学号”和“借阅图书编号”等字段，每个学生每借阅一本书，生成一条记录，要求按学号统计出每个学生的借阅次数。下列 SQL 语句中，正确的是（　　）。

　A. SELECT 学号, COUNT(*) FROM 借阅

　B. SELECT 学号, COUNT(*) FROM 借阅 GROUP BY 学号

    C. SELECT 学号, SUM(学号) FROM 借阅

    D. SELECT 学号, SUM(学号) FROM 借阅 ORDER BY 学号

  3. 用 SQL 命令查询选修的每门课程的成绩都大于或等于 85 分的学生的学号和姓名，正确的命令是（   ）。

    A. SELECT 学号,姓名 FROM 学生 WHERE NOT EXISTS

          (SELECT * FROM 成绩 WHERE 成绩.学号=学生.学号 AND 成绩<85)

    B. SELECT 学号,姓名 FROM 学生 WHERE NOT EXISTS

          (SELECT * FROM 成绩 WHERE 成绩.学号=学生.学号 AND 成绩>=85)

    C. SELECT DISTINCT 学生.学号,姓名

          FROM 学生 INNER JOIN 成绩 ON 学生.学号=成绩.学号

          WHERE 成绩>=85

    D. SELECT DISTINCT 学生.学号,姓名

          FROM 学生 INNER JOIN 成绩 ON 学生.学号=成绩.学号

          WHERE ALL 成绩>=85

  4. 要查询"课程"表中所有课程名中包含"计算机"的课程情况，可用（   ）语句。

    A. SELECT * FROM 课程 WHERE 课程名 LIKE '*计算机*'

    B. SELECT * FROM 课程 WHERE 课程名 LIKE '?计算机?'

    C. SELECT * FROM 课程 WHERE 课程名='*计算机*'

    D. SELECT * FROM 课程 WHERE 课程名='?计算机?'

  5. 用 SQL 检索选修课程在 3 门以上（含 3 门）的学生的学号、姓名和平均成绩，并按平均成绩降序排序。正确的命令是（   ）。

    A. SELECT 学生.学号,姓名,平均成绩

       FROM 学生 INNER JOIN 成绩 ON 学生.学号=成绩.学号

       GROUP BY 学生.学号,姓名 HAVING COUNT(*)>=3

       ORDER BY 平均成绩 DESC

    B. SELECT 学生.学号,姓名,AVG(成绩) AS 平均成绩

       FROM 学生 INNER JOIN 成绩 ON 学生.学号=成绩.学号

       GROUP BY 学生.学号,姓名 HAVING COUNT(*)>=3

       ORDER BY 3 DESC

    C. SELECT 学生.学号,姓名,AVG(成绩) AS 平均成绩

       FROM 学生 INNER JOIN 成绩 ON 学生.学号=成绩.学号

       GROUP BY 学生.学号,姓名 HAVING COUNT(*)>=3

       ORDER BY 平均成绩 DESC

    D. SELECT 学生.学号,姓名,AVG(成绩) AS 平均成绩

       FROM 学生 INNER JOIN 成绩 ON 学生.学号=成绩.学号

       WHERE COUNT(*)>=3

       GROUP BY 学生.学号,姓名

       ORDER BY 3 DESC

  6. 用 SQL 语言检索选修课程平均分在 80 分以上（含 80 分）的学生的学号、姓名和平均成绩，并按平均成绩降序排序。错误的命令是（   ）。

A. SELECT 学生.学号,姓名,AVG(成绩) AS 平均成绩
　　FROM 学生 INNER JOIN 成绩 ON 学生.学号=成绩.学号
　　GROUP BY 学生.学号 HAVING AVG(成绩)>=80
　　ORDER BY 3 DESC

B. SELECT 学生.学号,FIRST(姓名),AVG(成绩) AS 平均成绩
　　FROM 学生 INNER JOIN 成绩 ON 学生.学号=成绩.学号
　　GROUP BY 学生.学号 HAVING AVG(成绩)>=80
　　ORDER BY 3 DESC

C. SELECT 学生.学号,LAST(姓名),AVG(成绩) AS 平均成绩
　　FROM 学生 INNER JOIN 成绩 ON 学生.学号=成绩.学号
　　GROUP BY 学生.学号 HAVING AVG(成绩)>=80
　　ORDER BY 3 DESC

D. SELECT 学生.学号,姓名,AVG(成绩) AS 平均成绩
　　FROM 学生 INNER JOIN 成绩 ON 学生.学号=成绩.学号
　　GROUP BY 学生.学号,姓名 HAVING AVG(成绩)>=80
　　ORDER BY 3 DESC

7. SQL 交叉表查询最基本的语句至少要包括子句（　　　）。

A. TRANSFORM，SELECT，WHERE，GROUP BY，PIVOT

B. TRANSFORM，SELECT，FROM，WHERE，PIVOT

C. TRANSFORM，SELECT，FROM，WHERE，GROUP BY

D. TRANSFORM，SELECT，FROM，GROUP BY，PIVOT

二、实验题

1. 以"学生""课程""成绩" 3 个表为基础，完成（1）~（3）题实验。

（1）创建预定义计算的参数查询。

① 使用查询设计器的 "SQL 视图"，创建一个包含预定义计算的参数查询，要求查询中的字段有"学号""姓名""总分""学分""及格课程门数"，设定查询参数为及格门数大于等于某个数值。

② 在查询中，增加一个计算字段"等级"。若及格课程门数≥3，则等级为 A；若及格课程门数≥2，则等级为 B；否则为 C。

（2）创建自定义计算的参数查询。

① 应用 SQL 查询语句 SELECT 创建一个包含计算字段（自定义计算）的参数查询，计算每个学生的平均绩点（Grade Point Average，GPA）。平均绩点的数学表达式为 $\sum$(课程学分×成绩绩点)÷$\sum$课程学分，即各门课程学分绩点之和÷各门课程学分之和，其中，课程学分绩点=课程绩点×课程学分，符号 $\sum$（Sigma，希腊字母）表示数学中的"求和"。查询运行时要求输入某个平均绩点值，显示平均绩点大于等于该值的记录（含字段学号、姓名、平均绩点）。如要求平均绩点保留 2 位小数，可使用函数 Round(…,2)。

② 在查询中，增加一个计算字段：等级。若 GPA≥4，则等级为 A；若 GPA≥3，则等级为 B；否则为 C。

（3）应用 SQL 查询语句 TRANSFORM-SELECT-FROM-WHERE-GROUP BY -PIVOT 建立交叉表查询，汇总各门课的参加考试的人数和均分（提示：以课程名为行标题、姓名为列标题）。

2. 从"成绩"表中查询"学号+课程号"重复的记录。

3. 从"学生""课程"和"成绩"表查询在"成绩"表中"学号&课程号"重复的记录，要求输出字段"学号""姓名""课程名""成绩"。

4. 表级完整性约束实验。使用 SQL 定义语句创建一个存放学生信息的"S"表，字段有"专业编号""学号"[每个专业学生的学号由入学的年份和从 001 开始到 999 结束的字符串组成即 Year(入学时间)& "001"～Year(入学时间)& "999"，因此有重复值]、"姓名""入学时间"，主键由"专业编号""学号"构成。创建一个存放课程信息的"C"表，字段有"课程号""课程名"，主键是"课程号"。创建一个存放成绩信息的"SC"表，字段有"专业编号""学号""课程号""成绩"，外键由"专业编号""学号"构成。

表之间的关系如图 4-33 所示。

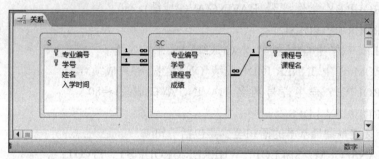

图 4-33 表之间的关系

三、简答题

1. 简述 SQL 查询的特点。

2. 什么是带子查询的数据操作？

第 5 章
窗体

窗体是 Access 数据库中的一种数据库对象，主要用来输入或显示数据库中的数据。实际上，窗体就是程序运行时的 Windows 窗口，只是在设计时将它称为窗体，在程序运行时用户通过它实现与系统的交互工作来操纵数据库。根据不同的应用目的，可以设计具有不同风格的窗体。由于很多数据库都不是给创建者自己使用的，所以还要考虑到其他使用者的使用习惯，建立一个友好的使用界面，将会给用户带来很大的便利。这也是建立一个窗体的基本目标。

本章详细介绍各类窗体的设计和控件的使用。

5.1　窗体的功能和分类

1．窗体的功能

窗体有多种功能，主要有以下几种。

（1）控制程序：窗体通过"命令按钮"执行用户的请求，还可以与函数、宏、过程等相结合，操作、控制程序的运行，实现应用程序的导航及其交互功能。

（2）操作数据：这是窗体的主要功能，用来对表或查询进行显示、浏览、输入、修改等多种操作，还可以用不同的风格显示数据库中的数据。

（3）显示信息：作为控制窗体的调用对象，可以用来以数值或图表的形式显示信息。

（4）交互信息：通过自定义对话框与用户进行交互，可以为用户的后续操作提供相应的数据和信息，包括警告、提示信息或要求用户回答等。

2．窗体的分类

在不同的应用场合，窗体使用的类型也不同。我们可以将窗体分为单窗体、多页窗体、连续窗体、子窗体、弹出式窗体及切换面板窗体等几类。

（1）单窗体

这是窗体中最简单、最常用的窗体类型。它常用于在一个窗体中显示一个记录的全部字段。

（2）多页窗体

当一个记录的字段较多，或者一个应用涉及若干个数据表时，可以用选项卡等控件在一个窗体上切换显示数据项，如图 5-1 所示，单击"学生信息"选项卡显示学生信息，单击"成绩信息"选项卡可显示成绩信息，单击"教师信息"选项卡可显示教师信息。

（3）连续窗体

单窗体中一般一个窗口只显示一条记录，连续窗体在记录的字段数较少的情况下，可在一个窗口显示若干条记录；当记录在窗体中一页不能显示完全时，窗体上会自动增加滚动条。

（4）子窗体

子窗体的表现形式为窗体中镶嵌了另一个窗体。当两个表为一对多关系并需要立足于一个表观察全部情况时，可以使用子窗体的形式，如图5-2所示。

图5-1 "多页窗体"示例

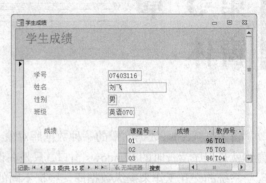

图5-2 "子窗体"示例

（5）弹出式窗体

弹出式窗体的使用是对数据、参数进行输入，或是显示特定信息。它可以由系统提供的InPutBox()和 MsgBox()函数生成，也可以由用户预先生成，在需要时打开。因此，弹出式窗体也可以理解为信息框。弹出式窗体的特点是该窗体不管是否为当前窗口，一定会保持在其他窗口的最上方，最典型的例子是"帮助"窗口。

弹出式窗体包括以下两种类型。

① 独占式：该窗体总是在所有的窗体上，除非被关闭，否则无法操作其他窗体。

② 非独占式：各个窗体可以根据需要切换使用。

5.2 创建窗体

创建窗体的方法有很多种，如"窗体设计""空白窗体""窗体向导"和"其他窗体"等方法，其中，"窗体向导"和"窗体设计"方法将在5.3和5.4节详细介绍。这些创建窗体的方法刚开始的操作步骤都是一样的，即在"文件"选项卡的导航窗格中，打开数据库，单击希望在窗体上显示的数据的表或查询，再选择"创建"选项卡，可从"窗体"选项组中选择一种方法创建即可。

5.2.1 使用"窗体"自动创建窗体

使用"窗体"是创建窗体最为简便的方法，用于创建一个显示表或查询中所有字段及记录的窗体。在窗体中，Access 会添加两类控件，即文本框（显示字段中的数据）和标签（显示字段名称或标题）。

例 5-1 在"学生成绩管理"数据库中，以"学生"表为数据源，使用"窗体"创建纵栏式"学生"窗体。

具体操作步骤如下。

（1）打开"学生成绩管理"数据库，单击"对象"列表中的数据表或查询作为窗体的数据源，此处选择"学生"表对象。

（2）选择"创建"选项卡上的"窗体"组中的"窗体"按钮，屏幕上弹出新建的窗体，并以"布局视图"显示该窗体，如图 5-3 所示。

（3）保存窗体为"学生"。

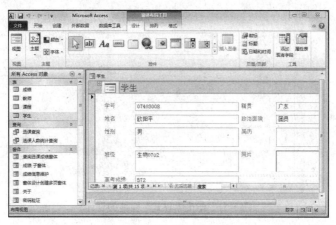

图 5-3　创建"学生"窗体

在"布局视图"中，可以对窗体进行设计方面的更改。例如，可以根据需要调整文本框等控件的大小、位置等。如果用于创建窗体的表或查询与数据库中的某个表有一对多的关系，Access将向基于相关表或查询的窗体中添加一个数据表。

在上面的例 5-1 中，创建一个基于"学生"表的窗体，并且"学生"表与"成绩"表之间定义了一对多的关系，则窗体将显示"成绩"表中与当前"学生"表中记录有关的所有记录。如果子表不需要的话，可以将其从窗体中删除。选中要删除的子表，用右键单击子表左上角图标，在弹出的快捷菜单中选择"删除"即可。

5.2.2　创建"空白窗体"

"空白窗体"可用于设计启动窗体，可以在其上使用各个控件来构造合适的画面，或者添加命令按钮来调用其他对象。

例 5-2　在"学生成绩管理"数据库中，以"学生"表为数据源，使用"空白窗体"创建纵栏式窗体"学生纵栏式"。

具体操作步骤如下。

（1）打开"学生成绩管理"数据库，选择"创建"选项卡上的"窗体"组中的"空白窗体"按钮，屏幕上弹出如图 5-4 所示的"空白窗体"的窗口。

图 5-4　"空白窗体"的创建

（2）单击"字段列表"窗口中的"显示所有表"，然后单击"学生"表前的"+"号展开"学生"表，逐个拖动学生表的字段到"空白窗口"，结果如图 5-5 所示。

（3）保存窗体并命名为"学生纵栏式"。

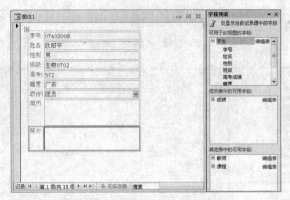

图 5-5 "学生纵栏式"窗体的设计

5.2.3 使用"其他窗体"创建窗体

1. 使用"数据透视表"创建窗体

选择"创建"选项卡上的"窗体"组中的"其他窗体"按钮，会出现一个下拉列表，其中包含了一些其他窗体的创建方式，如图 5-6 所示。

图 5-6 "其他窗体"下拉列表

例 5-3 使用"其他窗体"→"数据透视表"创建"学生信息透视表"，对比各班级不同籍贯的人数情况。

具体操作步骤如下。

（1）打开"学生成绩管理"数据库，在 Access 对象列表中选择数据源"学生"表，单击"创建"选项卡上的"窗体"组中的"其他窗体"下拉列表中的"数据透视表"选项，系统打开"数据透视表"窗体的设计窗口，如图 5-7 所示。

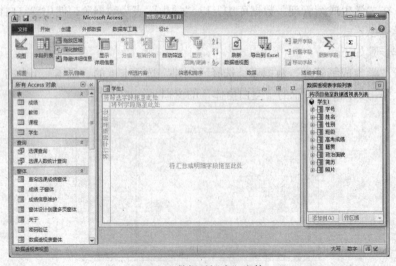

图 5-7 "数据透视表"窗体

在图 5-7 所示的"数据透视表"窗体的设计窗口中，需要确定 4 种类型的字段，即行字段、列字段、明细字段和筛选字段。

① 行字段：行区域中的字段。行字段中的项目列在视图的左侧。在上面的"数据透视表"视图中，选择"班级"作为行字段。

② 列字段：列区域中的字段。列字段中的项目列在视图的顶部。在上面的"数据透视表"视图中，选择"籍贯"作为列字段。

③ 筛选字段：筛选区域中的字段，可用于显示特定项目的数据。

④ 明细字段：明细区域（"数据透视表"视图中包含明细和总计字段的部分）中的字段用于显示基础记录源中的所有行或记录，可以同时显示明细行和汇总数据。

（2）将"数据透视表字段列表"框中的"班级"、"籍贯"和"姓名"字段分别拖到"将行字段拖至此处"、"将列字段拖至此处"和"将汇总或明细字段拖至此处"区域，结果如图 5-8 所示。

（3）计算各班级不同籍贯的人数。在某一行列的交叉处（不能在空白处）右击鼠标，在显示出的快捷菜单中选择"自动计算"→"计数"命令，计算结果如图 5-9 所示。

图 5-8　设计"数据透视表"后的结果

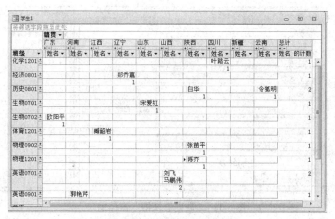

图 5-9　计算各班级不同籍贯的人数结果

（4）由于只计算各班级不同籍贯的人数，不需要显示明细数据，所以，可依次单击行字段右侧的"–"号，将所有的明细数据隐藏起来。最终结果如图 5-10 所示。

（5）保存窗体为"学生信息透视表"。

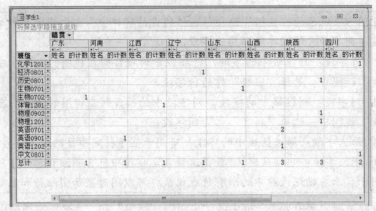

图 5-10 "数据透视表"窗体设计结果

2. 创建"数据透视图"窗体

使用"数据透视图"可以创建图表窗体，能更加直观地显示表或查询中的数据。

例 5-4 创建"选课人数统计图表"图表窗体。

具体操作步骤如下。

（1）在"学生成绩管理"数据库中创建一个名为"选课人数统计查询"的查询。利用"课程"和"成绩"两个表，以"课程名称"分组，建立统计选课人数的查询。创建该查询的 SQL 命令如下。

```
SELECT 课程.课程名, Count(成绩.学号) AS 人数
FROM 课程 INNER JOIN 成绩 ON 课程.课程号 = 成绩.课程号
GROUP BY 课程.课程名;
```

（2）在 Access 对象窗口中选择数据源为"选课人数统计查询"查询，单击"创建"选项卡上的"窗体"组的"其他窗体"下拉列表中的"数据透视图"，创建"数据透视图"窗体如图 5-11 所示。

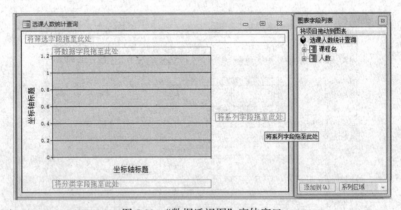

图 5-11 "数据透视图"窗体窗口

（3）在该窗体中，将"图表字段列表"中的"课程名"拖至底部的"将分类字段拖至此处"位置，将"人数"拖至顶端"将筛选字段拖至此处"位置，即可创建如图 5-12 所示的图表窗体。

（4）若想改变图表类型，则单击"设计"选项卡中的"更改图表类型"按钮，弹出如图 5-13 所示的"属性"对话框，选择"类型"选项卡左侧的"平滑线图"，然后在右侧选择相应的图形。这里选择"平滑线图"。

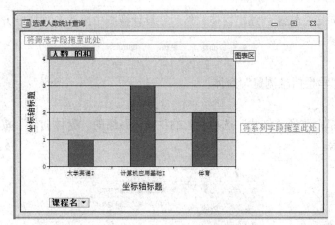

图 5-12　创建的图表窗体

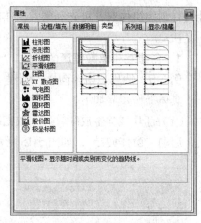

图 5-13　选择图表类型

（5）单击工具栏中的"保存"按钮，输入"选课人数统计图表"即完成图表窗口的创建，如图 5-14 所示。

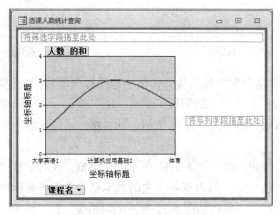

图 5-14　选课人数统计图表

5.3　使用向导创建窗体

为使初学者更好、更快地掌握 Access 2010 窗体的创建，Access 2010 提供了"窗体向导"帮助设计者创建窗体。使用"窗体向导"的方法，可以在"窗体向导"对话框中选择数据源，即表、查询以及其中的字段。在"窗体向导"对话框中提供了"纵栏表"、"表格"、"数据表"和"两端对齐" 4 种样式，设计者可以根据需求选择不同类型的样式来创建不同风格的窗体。

窗体的创建同 Access 数据库中的表、查询的建立过程一样，既可以采用设计视图方式在设计窗口中进行，也可以利用系统提供的向导快速创建。创建窗体最常用的方法是先用向导创建，然后在"设计视图"中对窗体进行修改。

5.3.1　使用"窗体向导"创建纵栏式窗体

利用"窗体向导"可以创建风格较为丰富的窗体，是初学者常用的一种创建窗体的方法。设计者在创建窗体时，可先利用"窗体向导"快速创建出窗体，然后在设计视图中修改。这样既方便又快捷。

1. 创建基于单数据源的窗体

例 5-5 使用"窗体向导"创建"学生信息浏览"窗体。

具体操作步骤如下。

（1）打开"学生成绩管理"数据库，选择"创建"选项卡上的"窗体"组的"窗体向导"按钮，启动"窗体向导"，如图 5-15 所示。

图 5-15 "窗体向导"对话框

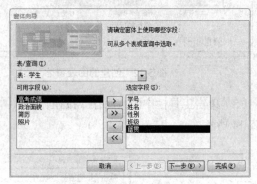

图 5-16 "选定的字段"列表框

（2）单击"表/查询"组合框右侧的箭头，从中选择数据源为"表：学生"。在"可用字段"列表框中选择需要在新建窗口中显示的字段，单击"□>"按钮，将所选字段移动到"选定字段"列表框中，如图 5-16 所示，若单击"□>>"按钮，则可将"可用字段"中的所有字段移到"选定字段"列表框中。

（3）单击"下一步"按钮，弹出如图 5-17 所示的对话框。在对话框中选择窗体的布局方式为"纵栏表"。单击某个显示方式后，可以在其左边的预览框中查看该显示方式的效果。

（4）单击"下一步"按钮，出现如图 5-18 所示的对话框。在"请为窗体指定标题"文本框中输入窗体的标题"学生信息浏览"。

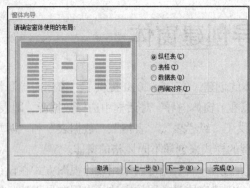

图 5-17 选择窗体的布局

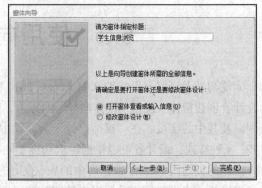

图 5-18 输入窗体标题

（5）若选中"打开窗体查看或输入信息（Q）"单选按钮，再单击"完成"按钮，则进入窗体运行状态，如图 5-19 所示。若选中"修改窗体设计（M）"单选按钮，再单击"完成"按钮，则进入窗体"设计视图"，可对窗体进行修改、修饰，如图 5-20 所示。

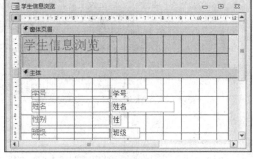

图 5-19　运行的新窗体　　　　　　　　　　图 5-20　窗体的"设计视图"

（6）选择"文件"选项卡中的"保存"命令，将窗体保存为"学生信息浏览"。

2. 创建基于多数据源的窗体

如果两个数据表之间存在一对多的关系，要将它们的数据同时显示在同一窗体上，则可以使用"窗体向导"创建基于多个数据源的窗体。这时，只要在字段选择时把需要的多个表中的字段添加到"选定字段"列表框中即可。如果多个数据表间有某种关系，则还可以创建带有子窗体的窗体、链接窗体、单个窗体。

例 5-6　创建基于"学生"和"成绩"两表的窗体"学生成绩"，两表已建立一对多的关系。

具体操作步骤如下。

（1）打开"学生成绩管理"数据库，选择"创建"选项卡上的"窗体"组的"窗体向导"按钮，启动"窗体向导"。

（2）选中"表：学生"为数据源，把"学号""姓名""性别""班级"字段添加到"选定字段"列表框中，然后再选中"表：成绩"，将"课程号""成绩""教师号"添加到"选定字段"列表框中，如图 5-21 所示。

（3）单击"下一步"按钮，弹出如图 5-22 所示的对话框。在"请确定查看数据的方式"列表框中选中"通过学生"方式，在对话框的下方选中"带子窗体的窗体（S）"。

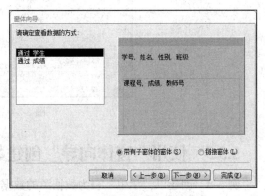

图 5-21　设置字段　　　　　　　　　　　图 5-22　设定窗体数据显示方式

（4）单击"下一步"按钮，选择子窗体的布局为"数据表"。

（5）继续单击"下一步"按钮，输入窗体标题"学生成绩"，然后单击"完成"按钮即完成整个窗体的创建，如图 5-23 所示。在窗体中，当学生进行切换时，子窗体的内容会自动切换。

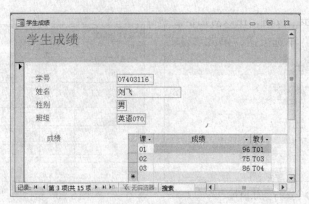

图 5-23 "学生成绩"窗体

5.3.2 使用"窗体向导"创建表格式窗体

例 5-7 创建以"学生"表为数据源的表格式窗体。

具体操作步骤如下。

（1）打开"学生成绩管理"数据库，在 Access 对象列表中选择"学生"表，选择"创建"选项卡上的"窗体"组的"窗体向导"按钮，弹出"窗体向导"对话框。

（2）在"表/查询"下拉列表中选择"学生"表，在"可用字段"栏选择除简历和照片外的所有字段至"选定字段"栏，单击"下一步"按钮，选中"表格"单选按钮。

（3）单击"下一步"按钮，在该对话框中，输入窗体标题"学生表格式窗体"，选中"打开窗体查看或输入信息"单选按钮，单击"完成"按钮，则在当前数据库的窗体对象栏中就创建了"学生表格式窗体"，如图 5-24 所示。

图 5-24 表格式窗体

5.3.3 使用"窗体向导"创建数据表窗体

例 5-8 创建以"学生"表为数据源的数据表式窗体。

具体操作步骤如下。

（1）打开"学生成绩管理"数据库，在 Access 对象列表中选择"学生"表数据源，单击"创建"选项卡中的"窗体"组的"窗体向导"，弹出"窗体向导"对话框。

（2）在"表/查询"下拉列表中选择"学生"表，在"可用字段"栏选择除简历和照片外的其他所有字段至"选定字段"栏，单击"下一步"按钮，选中"数据表"单选按钮。

（3）单击"下一步"按钮，在该对话框中，输入窗体标题"学生数据表式窗体"，选中"打开窗体查看或输入信息"单选按钮，单击"完成"按钮，则在当前数据库的窗体对象栏中就创建了"学生数据表式窗体"，如图 5-25 所示。

图 5-25　数据表式窗体

数据表式窗体、表格式窗体一般不宜选择照片、简历类的字段。

5.3.4　使用"窗体向导"创建两端对齐式窗体

例 5-9　创建以"学生"表为数据源的两端对齐式窗体。

具体操作步骤如下。

（1）打开"学生成绩管理"数据库，在 Access 对象列表中选择"学生"表数据源，单击"创建"选项卡中的"窗体"组的"窗体向导"，弹出"窗体向导"对话框。

（2）在"表/查询"下拉列表中选择"学生"表，在"可用字段"栏选择所有字段至"选定字段"栏，单击"下一步"按钮，选中"两端对齐"单选按钮。

（3）单击"下一步"按钮，在该对话框中，输入窗体标题"学生两端对齐式窗体"，选中"打开窗体查看或输入信息"单选按钮，单击"完成"按钮，则在当前数据库的窗体对象栏中就创建了该窗体，如图 5-26 所示。

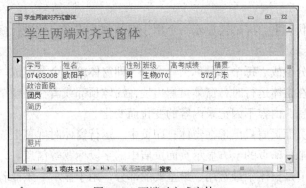

图 5-26　两端对齐式窗体

两端对齐式窗体设计布局比较合理。

5.4 使用设计视图创建窗体

利用窗体向导虽然能够迅速、方便地创建窗体，但是不能充分体现个人的风格，也不能完全展现窗体的特色，比如不能展示音频、视频等多媒体信息。因此，在更多的情况下需要使用"设计视图"来设计窗体。

用户既可以直接在窗体设计视图中创建窗体，也可以在窗体设计视图中修改已有的窗体。

5.4.1 窗体的组成

窗体是用户与数据库系统的交互界面。用户在窗体上可以直观地建立应用程序。在设计程序时，窗体是用户的工作台，一个窗体可以说就是一个窗口。

当我们选择"创建"选项卡上的"窗体"组的"窗体设计"按钮，即会显示窗体的"设计视图"，如图 5-27 所示。

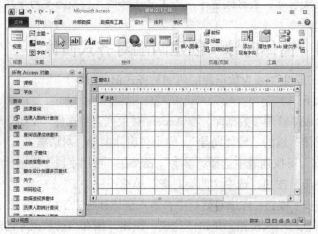

图 5-27 窗体"设计视图"

1. 工作区

在"设计视图"状态下，屏幕会显示一个用于窗体创建或对窗体进行修改、添加等操作的工作区域，如图 5-27 所示。

窗体一般由五部分组成。每个部分称为一个节，即窗体由 5 个节组成。

（1）窗体页眉：在窗体运行时，窗体页眉出现在窗体顶部或者在打印结果中每页的顶部，用于显示诸如标题等信息，内容不因记录内容的变化而变化。

（2）页面页眉：页面页眉只出现在窗体打印页中，运行窗体时屏幕上显示页眉内容。如果打印多于一页，则将每个打印页的上方显示页面页眉中的字段标题等信息。

（3）主体：主体节是窗体中最常用、最主要的部分，用于显示一条或若干条记录的内容。窗体的各类控件（文本框、命令按钮、列表框等）通常分布在主体节中。一般来说，在 Access 数据库应用程序中进行界面设计主要是针对主体而言的。

（4）页面页脚：同页面页眉相仿，页面页脚也只出现在窗体的打印页中，一般用于输出页码、总页数、打印日期等信息。

（5）窗体页脚：出现在运行窗体或打印窗体的最底部，主要用于输出一些提示信息，或者设置一些命令按钮，用于关闭窗体、退出数据库等操作。

用户可以使用拖动操作来改变工作区和各组成部分的大小。一般情况下，Access 只打开窗体的"主体"部分，其余的四部分可以根据需要进行隐藏或显示，用户只需单击右键窗体，在弹出的快捷菜单中选择"页面页眉/页脚"或"窗体页眉/页脚"命令即可。在工作区中还有网格和标尺，这是为方便用户放置控件而设置的。

2．控件组

窗体是由许多控件组成的，控件是窗体中显示数据、执行操作和修饰窗体界面的对象。设计器的各种控件都放在"设计"选项卡的"控件"组中，如图 5-28 所示。各个控件的功能见表 5-1。

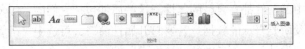

图 5-28　窗体设计控件组

表 5-1　控件组中的按钮及功能

图标	名称	功能
	选择对象	用于选定控件、节或窗体。单击该按钮可以释放以前锁定的工具栏按钮
Aa	标签	用于显示说明文本的控件，如窗体或报表上的标题或指定文字
ab	文本框	用于显示、输入或编辑窗体或报表的基础记录源数据，显示计算结果，或接收用户输入数据的控件
XYZ	选项组	与复选框、选项按钮或切换按钮搭配使用，可以显示一组可选值
	切换按钮	该按钮可用于结合"是/否"字段的独立控件或用来接收用户在自定义对话框中输入数据的非结合控件，或者选项组的一部分
◉	选项按钮	用来实现一组数据的单项选择
☑	复选框	用于输入多个互不相关的选择
	组合框	组合框控件结合了文本框的特点，既可以在其中输入数据，也可以在列表中选择
	列表框	列表框控件主要用来显示滚动的数据列表。在窗体视图中，可以从列表框中选择值输入新记录中，或者更改现有记录中的值
xxxx	按钮	用于在窗体或报表上创建命令按钮
	图像	用于在窗体或报表上显示静态图片
	未绑定对象框	用于在窗体或报表上显示非绑定型 OLE 对象
XYZ	绑定对象框	用于在窗体或报表上显示绑定型 OLE 对象
	分页符	用于在窗体中开始一个新的屏幕，或者在打印窗体或报表时开始一个新页
	选项卡控件	用于创建一个多页的选项卡窗体或选项卡对话框
	子窗体/子报表	用于在窗体或报表中显示来自多个表的数据
＼	直线	用于在窗体或报表中画直线
	矩形	用于在窗体或报表中画一个矩形框
	控件向导	用于打开或关闭控件向导。使用控件向导可以创建列表框、组合框、选项组、命令按钮、图表等。要使用向导来创建这些控件，必须按下"控件向导"按钮

3. 字段列表

通常，窗体都是基于表或查询建立起来的，因此，窗体内的控件要显示的也就是表或查询中的字段值。在创建窗体的过程中，当需要某一字段时，单击字段列表窗口中的某个表中的字段即可。例如，在窗体内创建一个文本框来显示字段列表中的某一字段时，只需将该字段拖放到窗体内，窗体便自动创建一个与此字段关联的文本框。

只有在窗体指定了数据源时，"字段列表"才可用。可通过设置窗体的"记录源"属性获得数据源。

4. 窗体和控件的属性

任何窗体或窗体中的控件都有自己的属性。这些属性包括它们的位置、大小、外观以及所要表示的数据。若要打开属性窗口，可选中窗体、控件等，单击"设计"选项卡中的"属性表"按钮，或单击控件后按鼠标右键，在快捷菜单中选择"属性"选项。"属性表"窗口如图 5-29 所示。

图 5-29 "属性表"窗口

"属性表"窗口中有"格式""数据""事件""其他"及"全部"5个选项卡页，每页中包含有若干属性项。窗体的属性决定了窗体的外观和操作，可在"属性表"窗口上通过直接输入或选择来设置各个属性的值。常用属性如下。

（1）记录源：指出窗体的数据来源，可以是数据库中的表或者查询的名称。只有窗体指定数据源后，"字段列表"按钮才可用。

（2）标题：是整个窗体的标题。

（3）默认视图：表示打开窗体的视图方式，有"单个窗体"、"连续窗体"、"数据表"、"数据透视表"、"数据透视图"及"分割窗体"。

（4）记录选择器：表示显示/隐藏记录选择器。

（5）导航按钮：可显示/隐藏导航按钮。

（6）分隔线：指窗体的各节之间的隔开线，可设置是否显示。

（7）弹出方式：将属性值设置为"是"，表示"窗体视图"为"弹出式窗体"。

节的属性可以控制每个节在窗体模式上的操作模式，如高度、颜色、背景、特殊效果、打印设置等。正常情况下，"窗体页眉/页脚"、"页面页眉/页脚"会成对出现，但它们分别拥有各自的属性窗口。

常见的较为重要的几个节属性如下。

（1）强制分页：用来设置分页的模式，如可以设置在该节后、节前、节前与节后分页，或不分页。

（2）保持同页：用来设置该节的内容是否打印在同一页上，默认为"否"，如果选择"是"，表示剩余的空间无法显示全部节中的数据时，就移动到下页开始处打印。

（3）何时显示：何时显示该节的内容，一般使用默认值"始终"。

（4）可以扩大：用来设置该节是否能够自动垂直放大，以显示节内包含的数据。

（5）可以缩小：用来设置该节是否能够自动垂直缩小，以预防数据太小时只显示空白界面。

5.4.2　在"设计视图"中创建窗体

窗体由"主体"和各种"窗体控件"组合而成，其中，"窗体控件"是窗体的基本构成元素，可用于显示数据、执行操作或修饰窗体。在窗体"设计视图"中，可以对这些"窗体控件"进行创建，并通过属性设置，创建出功能强大的窗体。

无论是"创建窗体"里介绍的方法还是使用向导创建的窗体，甚至是利用"设计视图"创建窗体，都相当于在窗口中添加各种显示数据的窗体控件。只不过"创建窗体"和使用向导创建窗体是自动添加窗体控件，而利用"设计视图"创建窗体则要手动添加窗体控件。

1. 窗体常用控件的操作

合理使用窗体控件可以快捷地创建出形象美观的窗体。下面介绍窗体常用控件的操作。

（1）选择控件

① 选择单个控件：单击该控件。

② 选中多个控件：按住 Shift 键，分别单击要选择的控件。

③ 选择全部控件：使用快捷键 Ctrl+A。

④ 使用标尺选择控件：将光标移到控件对应的水平标尺或垂直标尺处，待鼠标指针变为向下或向右的箭头时单击。

（2）复制控件

选定要复制的控件，选择"开始"选项卡上"剪贴板"组的"复制"命令，或在右击弹出的菜单上选择"复制"命令，然后确定要复制控件的位置，选择"开始"选项卡上的"剪贴板"组的"粘贴"命令，或在右击弹出的菜单上选择"粘贴"命令。

（3）锁定控件

当需要重复操作某个控件时，可以通过双击该控件的方法将它锁定。

（4）解除锁定控件

单击窗体控件箱中的"选择对象"按钮▣或按 Esc 键均可。

（5）移动控件

选中要移动的控件，待出现"手形"图标后，用鼠标把它拖到指定的位置。

（6）对齐控件

选中要对齐的控件，选择"排列"选项卡中的"对齐"选项下的对应对齐方式即可。

（7）删除控件

选中要删除的控件，按 Delete 键，或选择"开始"选项卡中的"删除"命令。

2. 利用设计视图创建窗体

利用"设计视图"，用户可以创建一些个性化的窗体，可以自由控制每一部分的大小、位置以及采用什么方法显示等。

例 5-10　利用"学生"表、"课程"表、"成绩"表、"教师"表，创建一个数据输入型窗体"信息录入"窗体，实现学生信息、成绩信息、教师信息等多重信息显示，且带有选项卡控件。

具体操作步骤如下。

（1）打开"学生成绩管理"数据库，单击"创建"选项卡上"窗体"组中的"窗体设计"按钮，打开"设计视图"。

（2）在属性对话框中设置"窗体"的属性。双击"设计视图"窗体水平标尺或垂直标尺任意位置，将属性对话框中的对象切换为"窗体"，也可以直接在"属性表"窗口中将对象切换为"窗体"，如图 5-30 所示。

图 5-30 "窗体"的"属性表"窗口

（3）选择"窗体"属性对话框中的"数据"选项卡，并单击记录源右侧的按钮[…]，打开如图
5-31 所示的"查询生成器"和"显示表"对话框。

（4）在"查询生成器"和"显示表"对话框中选择数据源和字段。本例选择"学生"表、"成
绩"表、"课程"表和"教师"表，"学生"表中选择字段"学号""姓名""性别""班级""籍贯"
"政治面貌"，"成绩"表中选择字段"学号""成绩"，"课程"表中选择字段"课程名称""学分"，
"教师"表中选择全部字段，如图 5-32 所示。

图 5-31 "查询生成器"和"显示表"对话框

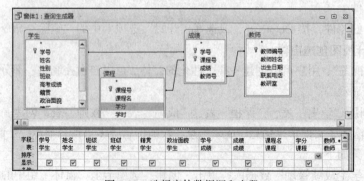

图 5-32 选择窗体数据源和字段

（5）关闭"查询生成器"对话框，系统弹出如图 5-33 所示的提示保存的对话框，选择"是"
按钮。记录源框中出现了刚才生成的查询语句，如图 5-34 所示。

图 5-33　系统提示保存对话框　　　　　　　　　　图 5-34　选择数据源

（6）添加选项卡控件。返回"设计视图"，单击"设计"选项卡中"控件"组的"选项卡"控件按钮 ，在主体节适当位置单击，随即出现一个选项卡。选项卡周围有黑色控点，可调整控件大小及位置。创建的选项卡控件只有 2 个选项卡标签，如图 5-35 所示。若不够，可以使用鼠标单击右键选项卡控件，在弹出的快捷菜单中选择"插入页"命令即可实现页的添加。

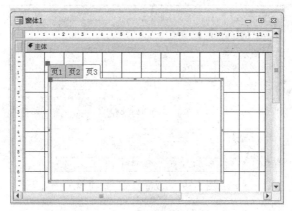

图 5-35　添加了选项卡的窗体"设计视图"

（7）更改选项卡标题。双击选项卡控件的标题"页 1"，在"属性表"对话框的"标题"属性输入第一个选项卡的名称"学生信息"。用同样的方法，将第 2 个选项卡标题改为"成绩信息"，将第 3 个选项卡标题改为"教师信息"，如图 5-36 所示。

图 5-36　更改各选项卡标题

（8）向窗体添加控件。由于本例通过查询生成器选择数据记录源，因此"设计视图"中会出现一个"字段列表"小窗口。利用该小窗口将所需字段拖放到各自对应的选项卡中，并修改每一个字段标签的标题。各选项卡中各个控件的位置和大小根据个人需要进行调整设置后，利用工具栏将"设计视图"切换到"窗体视图"，查看窗体创建效果，各选项卡分别如图 5-37、图 5-38、图 5-39 所示。

图 5-37　"学生信息"选项卡

图 5-38　"成绩信息"选项卡

图 5-39　"教师信息"选项卡

例 5-11　利用"学生"表和"成绩"表，创建一个查询型窗体，实现按照学生学号进行成绩查询的功能。

具体操作步骤如下。

（1）打开"学生成绩管理"数据库，单击"创建"选项卡上的"窗体"组的"窗体设计"按钮，打开"设计视图"。通过快捷菜单添加"窗体页眉"和"窗体页脚"节，然后调节各节的大小。

（2）单击"设计"选项卡，选择"控件"组中的"标签"控件按钮 $\mathbf{A}\alpha$，在"窗体页眉"节适当位置单击，再在标签中输入"学生选课成绩查询"，并设置文字的字体为隶书，字号设置为 26号，调节标签控件大小至合适大小，效果如图 5-40 所示。

（3）添加一个"组合框"控件。选择控件组中的"组合框"控件按钮 ，在主体节要放置"组合框"的位置上单击，打开如图 5-41 所示的"组合框向导"对话框，选择"使用组合框查阅表或查询中的值"选项。

（4）单击"下一步"按钮，选择"组合框"控件的数据源表。本例选择"学生"表，如图 5-42 所示。

（5）单击"下一步"按钮，选择具体的数据字段。本例选择学生的"学号"字段，如图 5-43 所示。

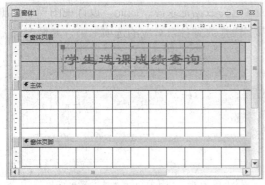

图 5-40　添加标签控件

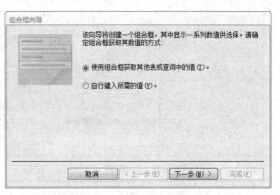

图 5-41　"组合框向导"对话框

图 5-42　选择"组合框"控件数据源

图 5-43　确定数据字段

（6）单击"下一步"按钮，选择数值排序的方式，本例保持默认设置，如图 5-44 所示。

（7）单击"下一步"按钮，拖动鼠标设置"组合框"控件的宽度，如图 5-45 所示。

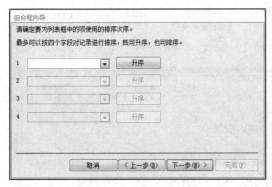

图 5-44　选择排序方式

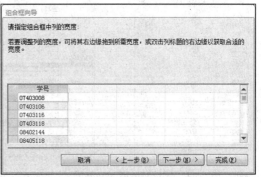

图 5-45　调整"组合框"控件宽度

（8）单击"下一步"按钮，输入"组合框"的标签名称。这里输入"请输入学生学号"，如图 5-46 所示。

（9）单击"完成"按钮，结束"组合框"控件向导并返回"设计视图"，如图 5-47 所示。这时，可以看到在窗体中出现了已经设置好的"组合框"控件，同样也可根据需要调整它的大小及文字的字体、字号等属性。

（10）双击"组合框"控件，打开如图 5-48 所示的"组合框"属性对话框。选择"全部"选项卡，在"名称"栏输入"输入学号"，以便以后查询时调用。

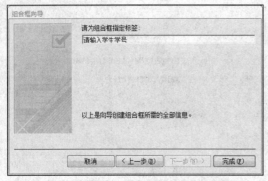
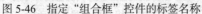

图 5-46　指定"组合框"控件的标签名称

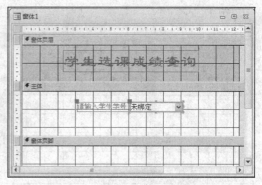

图 5-47　创建的"组合框"控件效果

（11）单击工具栏中的"保存"按钮，在窗体名称栏中输入"查询选课成绩"后，单击"确定"按钮。

（12）接下来创建一个名为"选课查询"的查询实现按照用户在"查询选课成绩"窗体中指定的学号查询学生成绩信息（包括学号、姓名、课程名、成绩、教师编号）的功能。

① 单击"创建"选项卡的"查询"组中的"查询设计"命令选项，进入查询"设计视图"。

② 选择需要的表和字段。选择"学生"表的"学号""姓名"字段，"课程"表的"课程名"字段，"成绩"表的"成绩"字段，"教师"表的"教师编号"字段。另外，为了能够使查询和窗体中的"组合框"控件相关联，在"学号"字段的"条件"栏中输入查询表达式"[Forms]![查询选课成绩]![输入学号]"。

③ 将查询保存为"选课查询"。最终效果如图 5-49 所示。

图 5-48　"组合框"属性对话框

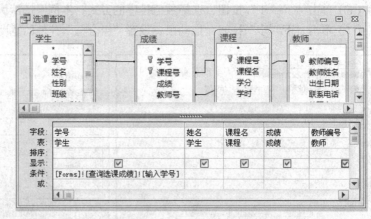

图 5-49　"选课查询"设计结果

（13）关闭查询窗口"选课查询"，返回刚才的"查询选课成绩"窗体，接着为窗体添加一个查询按钮。

（14）选择"设计"选项卡上的"控件"组的"按钮"按钮，在主体节要放置"命令按钮"的位置上单击，打开如图 5-50 所示的"命令按钮向导"对话框，选择"杂项"类别和"运行查询"操作。

（15）单击"下一步"按钮，选择命令按钮运行的查询，如图 5-51 所示。

（16）单击"下一步"按钮，确定在按钮上显示文本还是图片。本例选择"文本"，并输入"开始查询"，如图 5-52 所示。

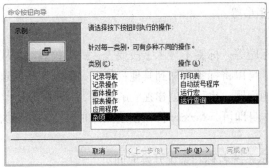

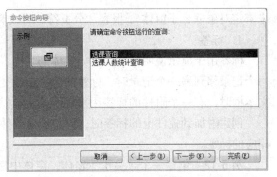

图 5-50　"命令按钮向导"对话框　　　　　图 5-51　指定命令按钮运行的查询

（17）单击"完成"按钮，结束命令按钮向导的设置并返回如图 5-53 所示的窗体"设计视图"。在这里，可以看到设置的"命令按钮"控件，用户可进一步对其大小和位置等属性进行设置。

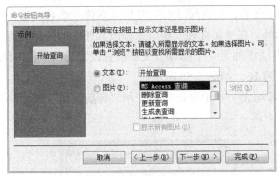

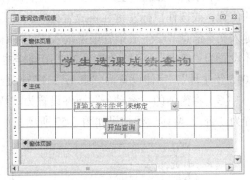

图 5-52　确定命令按钮显示方式　　　　　图 5-53　创建"命令"按钮控件

（18）设置窗体属性。为了窗体美观，在窗体的"属性表"窗口中，将"导航按钮"和"记录选择器"设置为否。至此，查询型窗体创建完成。通过切换到窗体视图查看创建效果，如图 5-54 所示。当用户输入学号后（例如输入学号"07403116"），单击"开始查询"按钮，系统将立即运行之前创建的"选课查询"，显示出查询结果，效果如图 5-55 所示。

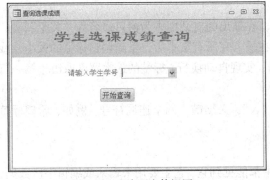

图 5-54　查询型窗体视图　　　　　　　　图 5-55　查询结果展示

5.4.3　常用控件

控件是窗体上用于显示数据、执行操作、装饰窗体的对象。Access 2010 包含的控件有文本框、标签、选项组、复选框、选项按钮、切换按钮、组合框、列表框、命令按钮、图像、绑定对象框、未绑定对象框、子窗体/子报表、分页符、直线和矩形等。

1. 标签

标签用于显示说明性文本，如窗体的名称、标题等。标签不显示字段或表达式的数值。当从一个记录移到另一个记录时，标签的值不会改变。可以将标签附加到其他控件上。例如，在创建文本框时，有一个附件的标签用来显示该文本框的标题，也可以创建独立的标签。

创建附加到控件上的标签时，只需创建控件本身即可，Access 将在创建控件时自动为其附加相应的标签。

例 5-12 创建一个"关于"窗体，窗体中显示系统名称和系统开发时间。

具体操作步骤如下。

（1）打开"学生成绩管理"数据库，选择"创建"选项卡上的"窗体"组的"窗体设计"按钮，打开"设计视图"，调整窗体大小到合适的尺寸。

（2）单击"设计"选项卡上的"控件"组中的"标签"按钮，在工作区中，单击要放置标签的位置，或按住鼠标左键在要放置标签的位置处拖动，直到尺寸合适时松开鼠标。然后在标签上键入文字信息"学生成绩管理系统"，选中该标签，在"属性表"窗口来修改其相关的属性，将字体设置为"隶书"，字号设置为28。用同样的方法添加另一个标签，文字信息设置为"开发时间：2015 年 4 月"，字体设置为"隶书"，字号设置为 16，如图 5-56 所示。

（3）将窗体的"滚动条"属性设置为"两者均无"，"记录选择器"和"导航按钮"属性都设置为"否"，窗体运行结果如图 5-57 所示。

图 5-56　在窗体中添加标签并键入文字

图 5-57　添加标签的"窗体"

（4）选择"文件"选项卡中的"保存"命令，在弹出的对话框中为窗口命名为"关于"。

如果要在窗体的标签上显示多行文本，可以在输入完所有文本后，重新调整标签的大小，或者可以在换行处按 Ctrl + Enter 组合键作为回车符，实现自动换行。标签的最大宽度取决于第一行文本的长度。

如果要在窗体的标签中使用表示连词的符号"&"，必须键入两个连词符号。例如，希望标签显示文本"教师&学生"，需键入"教师&&学生"。

2. 文本框

文本框是最常用的控件，几乎在所有的窗体中都能见到它。它主要用来输入或编辑字段数据，是一种交互式控件。文本框分为 3 种类型，即绑定型、未绑定型与计算型。

（1）创建绑定型文本框

绑定型文本框与基本表或查询中的字段相连，可用于显示、输入及更新数据库中的字段。

（2）创建未绑定型文本框

未绑定型文本框并没有链接到某一字段，一般用来显示提示信息或接受用户输入数据等。可以在窗口中自行绑定文本框与某个字段。

（3）创建计算型文本框

文本框是最常见的显示计算数值的控件。计算型文本框以表达式作为数据来源，显示表达式的结果。表达式可以使用基本表或查询字段中的数据，当表达式发生变化时，数值就会被重新计算。

若窗体上文本框中的数据包含多行文本，则需要将"滚动条"属性设为"垂直"。

例 5-13　在"学生成绩管理"数据库中，创建一个"成绩信息维护"窗口，在窗口上分别添加一个绑定型文本框学号字段和一个未绑定型文本框并自行绑定到成绩字段，在"窗体页脚"节添加一个计算型文本框"记录个数"。

具体操作步骤如下。

（1）新建窗体。选择"创建"选项卡上的"窗体"组的"窗体设计"按钮，打开"设计视图"，调整窗体大小到合适的尺寸。

（2）添加页眉和页脚。单击右键窗体空白处选择"窗体页眉/页脚"命令，在窗口上添加了窗体页眉和页脚。

（3）将窗体绑定到指定记录源。打开窗体的"属性"窗口，选择"数据"选项卡，设置其"记录源"属性为"成绩"表。

（4）创建标签控件。一般窗体顶部都有一个标题，使用标签控件完成。在"窗体页眉"节添加一个标签控件，输入"成绩信息维护"。选中标签控件，在"属性表"窗口中选择"全部"选项卡，设置标签控件的属性，如图 5-58 所示。

（5）创建绑定型文本框"学号"。从字段列表中拖动所需的"学号"字段到窗体适当位置，一个绑定型文本框及其附加标签即添加完毕，调整控件的大小及位置。如果记录源字段列表不可见，需选择"设计"选项卡上的"工具"组中"添加现有字段"按钮，以显示字段列表。

在窗体的记录源字段列表中选择一个或多个字段，需执行如下操作之一。

① 选择一个字段时，单击该字段即可。

② 选择相邻的多个字段时，单击其中的第一个字段，按住 Shift 键，然后单击最后一个字段即可。

③ 选择不相邻的多个字段时，按住 Ctrl 键并单击所要包含的每一个字段的名称即可。

（6）创建未绑定型文本框。确认"控件向导"按钮已按下，选择"设计"选项卡上的"控件"组的"文本框"按钮，在窗体适当位置单击文本框的左上起点，按住鼠标左键拖到文本框的右下终点，然后松开鼠标左键，打开如图 5-59 所示的"文本框向导"对话框。在该对话框中，可以指定文本的字体、字号、字形、特殊效果和对其方式等。

（7）单击"下一步"按钮，出现"设置输入法模式"对话框。在对话框中，用户可以指定当插入点定位到该文本框时，Access 是否启动相应的中文输入法。在"输入法模式"下拉列表中选择所需的选项，如"随意"、"输入法开启"或"输入法关闭"。

（8）单击"下一步"按钮，出现"指定文本框名称"对话框。在该对话框中的"请输入文本框的名称"文本框中输入名称"成绩"，单击"完成"按钮即可完成未绑定型文本框"成绩"的创建操作。

（9）绑定"成绩"文本框到"成绩"字段。选中"成绩"文本框，在"属性"对话框中的"数据"选项卡中设置"控件来源"属性为"成绩"。

图 5-58　标签控件的属性

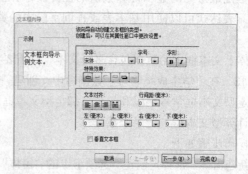

图 5-59　"文本框向导"对话框

（10）创建计算型文本框"记录个数"。单击"设计"选项卡中"控件"组中的"文本框"按钮，在窗体中单击要放置文本框的位置，或拖动鼠标创建文本框。若出现"文本框向导"窗口，则单击"完成"按钮。在文本框中输入表达式"=Count([学号])"。也可以在"属性"窗口中设置表达式，在"控件来源"属性框中输入表达式或单击"表达式生成器" □ 按钮，打开"表达式生成器"对话框，在其中设计表达式。如果觉得"控件来源"属性框的空间太小，不便于数据的输入，可以按下 Shift+F2 组合键，打开"缩放"窗口，在其中输入所需的数据。

（11）保存窗体为"成绩信息维护"。窗体设计结果如图 5-60 所示。

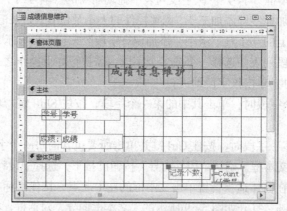

图 5-60　"成绩信息维护"窗口

3. 组合框与列表框

如果控件中输入的数据总是取自某一个表或查询中的数据，或者取自某固定内容的数据，就应该使用组合框和列表框控件。这种设计可以保证输入数据的正确性，同时还可以有效地提高输入数据的速度。例如，在"学生基本信息"窗体上"籍贯"字段录入数据时，输入"山东青岛"和输入"山东 青岛"将被 Access 认作是不同的内容。而使用组合框或列表框就可以避免这种输入错误的发生，同时减少了汉字输入量。因为组合框或列表框总是从一个指定的数据源中取得数据，而后根据实际的选定操作获得一项数据，并将其填入窗体数据源的对应字段中。

列表框中的列表是由数据行组成的，可以有一列或几列数据，每列字段标题可以有也可以没有。只能从列表中选择值，而不能输入新值。

组合框如同文本框和列表框的组合，其作用与列表框相同。所不同的是，列表框在窗体上占用较大的空间，而组合框不用时不显示数据的列表，只有单击右边的向下箭头按钮时才打开下面的列表。这样可以节省显示的区域。用户既可以在组合框中键入新值，也可以从列表中选择一个值。和列表框一样，组合框中的列表页由数据行组成，可以有一列或几列数据，这些列可以显示或不显示标题。

列表框和组合框也可以分为绑定型和非绑定型两种。如果要使用保存在列表框或组合框中的值，通常该列表框或组合框是绑定型的。如果要使用列表框和组合框中的值来决定其他控件的内容，就可以创建一个非绑定型的列表框或组合框。

（1）创建绑定型的组合框或列表框

例 5-14　在"学生成绩管理"数据库的"成绩信息维护"窗口中新增一个绑定型组合框"课程号"和绑定型组合框"教师号"。

具体操作步骤如下。

① 在"设计视图"中打开窗体"成绩信息维护"。

② 选择"设计"选件卡上的"控件"组的"控件向导"按钮，使其处于按下状态，单击控件组中的"组合框"按钮，单击窗体中放置组合框的位置，出现如图 5-61 所示的"组合框向导"对话框。

③ 选中"使用组合框查阅表或查询中的值"选项，然后单击"下一步"按钮，出现如图 5-62 所示的"组合框向导"对话框。若提供值的是表，则在"视图"区内选中"表"单选按钮；若提供值的是查询，则选中"查询"单选按钮；也可以选中"两者"。这里我们选择"表：课程"。

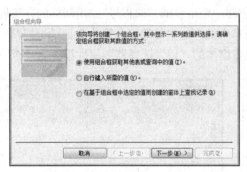

图 5-61　"组合框向导"对话框之一

图 5-62　"组合框向导"对话框之二

④ 单击"下一步"按钮，出现如图 5-63 所示的"组合框向导"对话框。在"可用字段"列表框内选择"课程号"和"课程名称"作为提供值的字段，然后单击 > 按钮。

⑤ 单击"下一步"按钮，出现如图 5-64 所示的"组合框向导"对话框。在该对话框中，设置列表中选项的排序次序为按照课程号升序排列。

图 5-63　"组合框向导"对话框之三

图 5-64　"组合框向导"对话框之四

⑥ 单击"下一步"按钮，出现如图 5-65 所示的"组合框向导"对话框，取消"隐藏键列"单选按钮的选择。在该对话框中，还可以调整列的宽度，即将列的右边框拖到希望的宽度。此处设置的宽度就是组合框创建后的宽度。

⑦ 单击"下一步"按钮，出现如图 5-66 所示的"组合框向导"对话框。在该对话框中，设置在组合框中哪一列作为数据库中存储所用的数值，这里选择"课程号"。

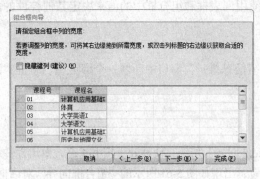

图 5-65 "组合框向导"对话框之五

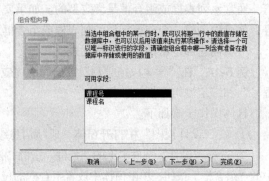

图 5-66 "组合框向导"对话框之六

⑧ 单击"下一步"按钮，出现如图 5-67 所示的"组合框向导"对话框。在该对话框中，设置该数值保存的字段为"课程号"。

⑨ 单击"完成"按钮即可在当前的窗体中创建一个组合框"课程号"。用同样的方法创建组合框"教师号"。"窗体视图"如图 5-68 所示。窗口中的左边中部的三角箭头为记录选择器，底部为导航按钮，如果不希望出现记录选择器，可以将窗体的"记录选择器"属性设置为"否"。

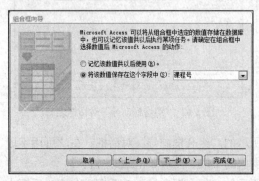

图 5-67 "组合框向导"对话框之七

图 5-68 "成绩信息维护"窗口

（2）创建非绑定型的组合框或列表框

用户可以在组合框或列表框中列出一些在创建时输入的值以供用户选择。

例 5-15 在例 5-1 创建的"学生"窗体中，将"籍贯"字段改为由组合框实现。

具体操作步骤如下。

① 在"设计视图"中打开窗体"学生"，删除原来的"籍贯"控件。

② 选择"控件"组中的"组合框"按钮，单击窗体中放置列表框或组合框的位置，出现如图 5-69 所示的"组合框向导"对话框。

③ 选中"自行键入所需的值"选项。然后单击"下一步"按钮，出现如图 5-70 所示的"组合框向导"对话框，在对话框列表中输入所需的值作为组合框内提供的数据。如果输入多列值，

可以在"列数"文本框内输入所需列数，然后在列表内输入数据。

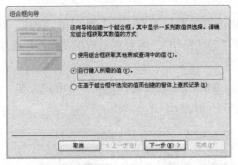

图 5-69　"组合框向导"对话框之一

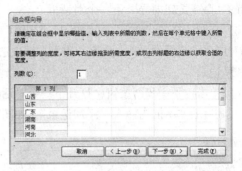

图 5-70　"组合框向导"对话框之二

④ 单击"下一步"按钮，在弹出的对话框中选中"将该数值保存在这个字段中"选项，在下拉列表中选择"籍贯"，然后单击"下一步"按钮，在弹出的对话框中输入组合框的标题"籍贯，单击"完成"按钮。

⑤ 调整所有控件的大小至合适位置并保存所做的修改。选择"设计"选项卡上的"视图"组中的"窗体视图"按钮，在"窗体视图"下测试组合框的效果，如图 5-71 所示。

图 5-71　测试效果

4. 命令按钮

在窗体中单击某个命令按钮可以让 Access 进行特定操作，如"退出"、"查找指定记录"等。因此，一个命令按钮必须具有对其"单击"事件进行处理操作的能力。

窗体的命令按钮上可以显示文本和图片，习惯上分别称为文本按钮和图片按钮。若要使命令按钮在窗体上实现某些功能，可以编写相应的宏或事件过程。

用户既可以自行创建命令按钮，也可以使用向导让 Access 创建所需的命令按钮。使用向导可以加快命令按钮的创建过程，因为向导可以为用户完成所有的基本工作。使用向导时，Access 将提示输入所需的信息并根据用户的回答来创建命令按钮，同时将相应的事件过程附加到该按钮上。

例 5-16　在"学生成绩管理"的"学生"窗体中添加控件，实现数据添加功能、翻页功能和关闭窗口功能。

具体操作步骤如下。

（1）在窗体的"设计视图"中打开窗体"学生"。

（2）使用向导创建按钮"添加记录"。

① 选择"控件"组中的"命令"按钮。在窗体上单击要放置命令按钮的位置，打开如图 5-72 所示的"命令按钮向导"第一个对话框。

② 在对话框的"类别"列表框中，列出了可供选择的操作类别，每个类别在"操作"列表框下都对应多种不同的操作。先在"类别"框内选择"记录操作"，然后在对应的"操作"框中选择"添加新记录"。

③ 单击"下一步"按钮，打开下一个对话框。为使在按钮上显示文本，单击"文本"选项，然后在其后的文本框内输入"添加记录"，如图 5-73 所示。

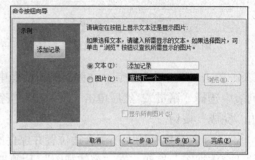

图 5-72　"命令按钮向导"对话框　　　　　　　　图 5-73　选择"文本"选项

④ 单击"下一步"按钮，打开下一个对话框。在该对话框中可以为创建的命令按钮起一个名字"添加记录"，以便以后引用，如图 5-74 所示。

⑤ 单击"完成"按钮。至此命令按钮创建完成。

（3）仿照刚才的步骤添加"第一页"、"上一页"、"下一页"、"最后一页"按钮，实现翻页功能。结果如图 5-75 所示。

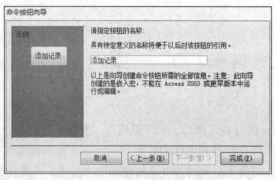

图 5-74　为命令按钮命名　　　　　　　　　　图 5-75　添加命令按钮的窗体

（4）不通过向导创建命令按钮"关闭窗口"，具体操作步骤如下。

① 在"控件"组件中，单击"命令按钮"工具按钮，在窗体中，单击要放置命令按钮的位置。

② 用鼠标右击命令按钮，选择"属性"选项，或确保选定了命令按钮，然后在"工具"组中单击"属性表"按钮来打开命令按钮的"属性设置"对话框。

③ 在"事件"选项卡中，选择"单击"属性，输入单击此按钮时要执行的宏或事件过程的名称，或单击"生成器"按钮来使用"宏生成器"或"代码生成器"进行设置。关于宏的实现在后面会介绍。

④ 在属性对话框中，在"全部"选项卡的"名称"属性框中输入"关闭窗体"，"标题"属性框中输入文本"关闭窗体"。如果要在命令按钮上显示图片，在命令按钮的"图片"属性框中键入

扩展名为.ico、.bmp 或.dib 文件的路径和文件名。如果不能确定其路径或文件名，请单击"生成器"按钮来打开"图片生成器"对话框。

（5）保存窗体并运行。

另外，需要提醒大家的是，在窗体上，也可以将宏从"数据库"窗口拖拽到窗体的"设计视图"中来创建或修改运行宏的命令按钮。

5. 复选框、选项按钮和切换按钮

复选框、选项按钮、切换按钮在功能上有很多相似之处，都可作为单独的控件来显示表或查询中的"是"或"否"的值。当选中复选框或选项按钮时，设置为"是"，如果不选则设置为"否"。对于切换按钮，如果单击"切换按钮"，其值为"是"，否则其值为"否"。

如何创建复选框、选项按钮或切换按钮，要取决于用户希望它是绑定型控件还是未绑定型控件。如要创建绑定型控件，就必须在绑定到记录源的窗体中创建。如果用户是通过单击窗体创建控件，而不是从字段列表中拖拽所选字段的方法创建控件，则该控件就不是绑定的。

（1）创建绑定型复选框、切换按钮或选项按钮

① 在窗体的"设计视图"中打开窗体。

② 在"控件"组中单击所需的复选框、切换按钮或选项按钮。

③ 如果字段列表不可见，单击"工具"组件中的"添加现有字段"按钮。

④ 在字段列表中单击适当的字段，然后将字段拖拽到窗体中。如果需要，可以更改标签的文本内容。

⑤ 切换至"窗体视图"、"数据表视图"或"打印预览"来测试该控件。

（2）创建未绑定型复选框、切换按钮或选项按钮

① 在窗体的"设计视图"中打开窗体。

② 在"工具"组中单击所需的复选框、切换按钮或选项按钮。

③ 在窗体中，单击此控件要放置的位置。如果要将此控件放置在窗体中的某个选项组中，当指针在该选项组上方移动时，Microsoft Access 2010 将突出显示该选项组以表明控件将变成该选项组的一部分。

6. 选项组

在窗体中使用选项组来显示一组限制性的选项值。因为只要单击所需的值即可，所以使用"选项组"控件可以使输入值的操作变得很容易。在选项组中每次只能选择一个选项，如果需要显示的选项较多，需使用列表框、组合框，而不是使用选项组。

在窗体中，选项组包含一个组框架和一系列复选框、选项按钮或切换按钮。如果选项组绑定到字段，那么只是组框架本身绑定到字段，而框内的复选框、切换按钮或选项按钮并没有绑定到字段。因为组框架的"控件来源"属性被设置为选项组绑定到的字段，所以不能为选项组中的每个控件设置"控件来源"属性，并且应该为每个复选框、切换按钮或选项按钮设置"选项值"属性。

用户可以自行创建一个选项组，也可以利用向导创建选项组。使用向导时，Access 会提示用户输入所需要的信息，然后根据用户的回答创建选项组。

（1）使用向导创建选项组

例 5-17　在"学生成绩管理"的"学生"窗体中，使用"选项组"实现性别的录入。

具体操作步骤如下。

① 在窗口的"设计视图"中打开窗体"学生"。

② 选择"控件"组中"选项组"按钮。在窗体上，单击要放置选项组的位置。此时屏幕显示

如图 5-76 所示的"选项组向导"对话框。在该对话框中输入选项组中每个选项的标签名。这里在"标签名称"框内分别输入"男"和"女"。

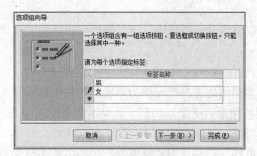

图 5-76 "选项组向导"对话框

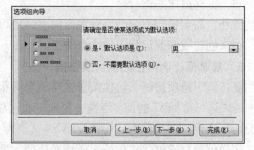

图 5-77 选择"是，默认选项"选项

③ 单击"下一步"按钮，打开下一个对话框。该对话框要求用户确定是否需要默认选项。这里选择"是"，并指定"男"为默认项，如图 5-77 所示。

④ 单击"下一步"按钮，打开下一个对话框。在该对话框中，为选项"男"赋值为 0，为选项"女"赋值为 1，如图 5-78 所示。

⑤ 单击"下一步"按钮，打开下一个对话框，选中"在此字段中保存该值"，并在右边的组合框中选择"性别"字段，如图 5-79 所示。

图 5-78 设置选项值

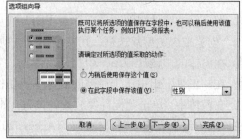

图 5-79 选择"在此字段中保存该值"选项

⑥ 单击"下一步"按钮，打开下一个对话框。在该对话框中，选择"选项按钮"及"蚀刻"按钮样式，如图 5-80 所示。

⑦ 单击"下一步"按钮，打开下一个对话框。在"请为选项组制定标题"文本框中，输入选项组的标题"性别"，然后单击"完成"按钮，窗口运行结果如图 5-81 所示。可以发现，使用选项组后，性别字段的取值原来是汉字，现在变成数字。

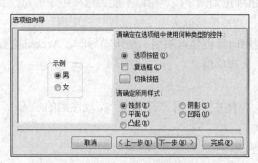

图 5-80 设置控件类型及样式

图 5-81 添加了选项组的窗体

（2）自行创建选项组

自行创建选项组的方法和步骤如下。

① 在窗体"设计视图"中打开窗体。

② 在"控件"组中，单击"选项组"工具按钮。

③ 执行下列操作之一。

● 若要创建未绑定的选项组，则单击要放置的组框架的位置。

● 若要创建绑定的选项组组合，则单击"工具"组件中的"添加现有字段"按钮以显示字段列表，然后从字段列表中将合适的字段或列拖曳到窗体中。

 　　　　如果不是从字段列表中拖曳选定的字段，而是通过窗体创建控件，则所建的控件将不是绑定控件。

④ 在"控件"组中，单击"复选框""选项按钮"或"切换按钮"工具按钮。

⑤ 在选项组框架内，单击合适的位置添加复选框、选项按钮或切换按钮控件。

⑥ 执行下列操作之一。

● 在窗体上，如有必要，选择"控件"选项卡上的"工具"组中的"属性表"按钮，然后将"选项值"属性更改为单击该控件时希望选项组拥有的值。将第一个控件添加到窗体上的选项组时，Access 2010 会自动将其"选项值"属性设置为 1。

● 如果选项组是绑定的，则控件的"选项值"属性就是单击该控件时 Access 2010 存储在基础表中的值。

⑦ 对每一个要添加到选项组的控件，重复步骤④～⑥。在窗体上，Access 2010 将第二个控件的"选项值"属性设为 2，第三个设为 3，依次类推。

另外，为简化数据输入，也可以通过设置选项组的"默认值"属性，将最常见的选定选项设置为默认值。

（3）将控件移到选项组中

如果在选项组外面创建了复选框、选项按钮或切换按钮，在要将该控件添加到选项组中时，必须先将该控件剪切下来，然后再粘贴到选项组中。如果只是将一个现有控件拖到选项组框架中，则该控件不会成为选项组的一部分。

具体操作步骤如下。

① 在"设计视图"中打开窗体。

② 选择要移动到选项组中的控件。

③ 选择"开始"选项卡上的"剪贴板"组中的"剪切"按钮。

④ 选定选项组的框架，然后单击"剪贴板"组件中的"粘贴"按钮。

⑤ 选定控件，然后单击"属性"按钮，将"选项值"属性改为单击控件时希望选项组所具有的值即可完成操作。

7. 直线与矩形

当窗体上控件比较多时，为了使具有不同内容的字段的区别更明显，可以用直线或矩形将它们分为不同的功能区，从而使窗体显示时更加清晰直观。

如果要在窗体上绘制直线或矩形，可以按照下述步骤进行操作。

（1）在窗体的"设计视图"中打开一个窗体，或新建一个新窗体。

（2）执行下列操作之一。

- 单击工具箱中的"直线"或"矩形"工具按钮，然后单击窗体中的适当位置，创建一个默认大小的线条或矩形。也可以通过在窗体上拖动光标来创建所需大小的线条和矩形。

- 若要对窗体中线条的长度或角度做细微的调整，可以选择该线条，按住 Shift 键，并按某个箭头键进行调整。

- 若要对线条的位置做细微的调整，按住 Ctrl 键，并按某个箭头键进行调整。

（3）若要更改矩形边框或线条的粗细等，单击矩形或线条选中它，单击工具栏上的"属性"打开属性窗口，单击"格式"选项卡，设置"边框宽度"属性。

（4）若要更改矩形边框或线条的线性（如点、点画线等），单击该矩形或线条，单击工具栏上的"属性"打开属性窗口，单击"格式"选项卡，设置"边框样式"属性。

8. 图像

图像控件用来向窗体中添加图片。使用 Windows 的剪切和粘贴方法可以很容易地把图片添加到窗体中。另外，也可以按照下述方法来添加图片。

（1）在窗体的"设计视图"中打开相应的窗体，选择"设计"选项卡上的"控件"组的"图像"按钮。

（2）单击窗体中要放置图片的位置，出现"插入图片"对话框。

（3）在"插入图片"对话框中，单击要添加的图片文件名。也可以在"查找范围"框中指定图片所在的驱动器和文件夹，然后单击所需的文件。

（4）单击"确定"按钮，所选择的图片即可显示在窗体内。

（5）如果要移动窗体中的图片，可以先单击该图片，待鼠标指针呈手形时，按下鼠标左键不放，将它拖到新的位置上。

如果要调整图片的大小，在选定该图片后，将鼠标指针指向尺寸句柄，待鼠标指针呈双向箭头时，按住鼠标左键拖动，即可改变图片的大小。

9. 绑定型对象框与未绑定型对象框

对象框是指框中所显示的内容来自于其他的应用程序建立的对象，如 Word 产生的文档、Excel 产生的电子表格等。一般根据对象的来源，对象框可分为绑定型对象框和非绑定型对象框。对象来源于窗体所依赖的表或查询的对象框称为绑定型对象框，否则为非绑定型的对象框。

（1）添加绑定型对象框

添加绑定型对象框，可通过如下两种方法进行。

① 先添加非绑定型对象框，再设置其"控件来源"属性。

② 把"字段列表"中的图像字段直接拖曳到窗体上来实现。

（2）添加非绑定型对象框

① 在"设计视图"中打开窗体。

② 单击"控件"组中的"非绑定对象框"按钮。

③ 单击窗体中要放置对象的位置，出现如图 5-82 所示的"插入对象"对话框。

④ 若没有创建对象，则在"插入对象"对话框中单击"新建"单选按钮，然后在"对象类型"框中单击要创建的对象类型。若已经创建了对象，则选中"由文件创建"单选按钮，然后输入文件名，即可在窗体上插入已有的对象。

⑤ 单击"确定"按钮。

在窗体中用鼠标双击所插入的对象，就可以调出该对象的应用程序。例如，双击一幅.bmp 图片后，就会调出 Windows 的"画图"程序，可以对图片进行修改。修改完毕后，单击对象框之外的区域，返回窗体。

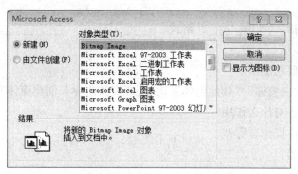

图 5-82　"插入对象"对话框

小　结

本章主要介绍了窗体的组成、分类与功能，并介绍了在 Access 2010 中如何利用"窗体""空白窗体""其他窗体""窗体向导"和"设计视图"来创建和设计美化各种窗体和常用控件等。为满足用户的各种需求，通过窗体用户可以输入、编辑数据，也可以将查询到的数据以适当的形式通过窗体及窗体控件输出。

习 题 5

一、单项选择题

1. 如果要在窗体上每次只显示一条记录，应该创建（　　）。
   A. 纵栏式窗体　　　　　　　　　　B. 图表式窗体
   C. 表格式窗体　　　　　　　　　　D. 数据透视表窗体

2. 若要快速调整窗体格式，如字体、背景等，则要在（　　）中修改。
   A. 工具箱　　　B. 字段列表　　　C. 属性表　　　D. 自动套用格式

3. 下列不是窗体控件的是（　　）。
   A. 表　　　　　B. 单选按钮　　　C. 图像　　　　D. 直线

4. Access 数据库中，用于输入或编辑字段数据的交互控件是（　　）。
   A. 文本框　　　B. 标签　　　　　C. 复选框　　　D. 组合框

5. 在 Access 中，采用"自动套用格式"来改变窗体的格式时，不能更改（　　）。
   A. 字体　　　　B. 字号　　　　　C. 颜色　　　　D. 边框

6. 在窗体设计视图中，必须包含的部分是（　　）。
   A. 主体　　　　　　　　　　　　　B. 窗体页眉和页脚
   C. 页面页眉和页脚　　　　　　　　D. 以上 3 项都要包括

二、填空题

1. 窗体的数据来源可以是＿＿＿＿＿＿和＿＿＿＿＿＿。

2. 窗体由上而下被分为 5 个节，分别是_____、页面页眉、_____、页面页脚、_____。

3. 窗体属性表包括_____、格式、_____、_____和全部选项。

三、简答题

1. 简述窗体的主要功能。

2. 与"窗体""空白窗体""其他窗体"比较，"窗体向导"创建窗体有什么优点？

3. 窗体有几类？各有什么作用？

4. 常用的窗体控件操作有哪些？

5. 控件分为哪几类？

第6章
报表

Access 中可以通过报表对象来实现以打印格式显示数据的功能。将数据库中的表、查询、数据组合后可以形成报表，还可以在报表中添加汇总统计等，并将其打印出来。

6.1　报表的基本概念

报表是数据库中数据信息和文档信息输出的一种形式，是以打印的格式表现用户数据的一种有效的方法。通过创建报表，可以控制数据输出的内容、输出对象的显示或打印格式，还可以进行数据的统计计算。报表可以按用户需求组织数据，以不同的输出形式提供信息。

报表实现了传统媒体与现代媒体在信息传递和共享方面的结合。利用报表可以将数据库中的信息传递给无法使用计算机的用户。

6.1.1　报表的功能

报表是 Access 中用以显示和打印输出数据的重要对象。利用报表，不仅可以调整内容的大小和外观，还可以进行数据分组和汇总。相比表、查询、窗体等对象，报表在数据展示和提供综合性信息方面具有无可比拟的优势。可以说，报表是真正面向用户的对象。

报表最主要的功能是将表或查询的数据按照设计的方式打印出来。因为用户可以控制报表上每个对象的大小和外观，所以报表能按照所需的方式显示信息以方便查看。报表的主要作用是比较和汇总数据，其中的数据来自表、查询或 SQL 语句，其他信息存储在报表的设计中。

6.1.2　报表的分类

根据版面格式的不同，Access 的报表可以分为 5 种基本类型，分别是纵栏式报表、表格式报表、两端对齐式报表、图表报表和标签报表。

1.　纵栏式报表

纵栏式报表也称为窗体式报表，其格式是在报表的一页上以垂直方式显示一个或多个记录。这时，报表的主体区域显示每一条记录中各个字段的标题及其数据内容。纵栏式报表每页显示的信息比较少，如图 6-1 所示。

2.　表格式报表

表格式报表类似于数据表的格式，以行和列的形式来显示记录，报表中一行显示一条记录，一页可以显示多行记录。这种报表适合于输出记录较多的数据表，便于保存与阅览。另外，在表格式报表中可以设置记录的分组显示，并能够计算和输出分组统计数据。它是最常用的报表形式，如图6-2所示。

图6-1 纵栏式报表

图6-2 表格式报表

3. 图表报表

图表报表是指包含统计图表的报表，即报表中的数据以图表格式显示。使用图表报表，可以更为直观地展示数据之间的关系，如图6-3所示。

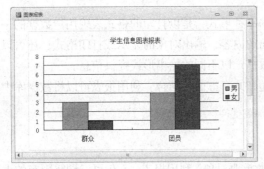

图6-3 图表报表

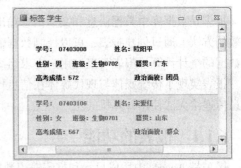

图6-4 标签报表

4. 标签报表

标签报表是一种特殊类型的报表，其数据的输出类似于制作各种标签。例如，实际生活中使用的名片、食品标签等，都可以通过创建相应的标签报表打印出来，如图6-4所示。

5. 两端对齐式报表

两端对齐式报表类似于纵栏式报表，系统会适当调整字段的布局。这时，报表以垂直方式显示，在报表的主体节显示数据表的字段名和字段内容，如图6-5所示。

图6-5 两端对齐式报表

6.1.3　报表的组成

报表通常由报表页眉、报表页脚、页面页眉、页面页脚及主体 5 个部分组成。这些部分称为报表的 "节"，如图 6-6 所示。另外，报表还具有 "组页眉" 和 "组页脚" 两个专门的 "节"，在报表进行分组显示时使用。

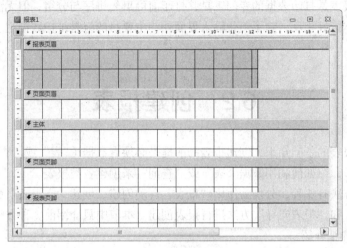

图 6-6　报表的组成

1．报表页眉和报表页脚

按照节的区域控制范围划分，报表页眉和报表页脚是控制报表的全部范围的节。报表页眉中的内容在整个报表的第一页上出现一次，可以在页眉区域显示公司名称、徽标、打印日期等内容。报表页脚中的内容仅在整个报表的最后一页上输出，常用于显示整个报表的总计、生成时间等内容。

2．页面页眉和页面页脚

页面页眉和页面页脚是控制报表整页范围的节。若报表有多页，则每页都将出现页面页眉和页面页脚。页面页眉中通常可显示每页都需要出现的标题信息或数据。页面页脚中通常可显示页码和本页小计等内容。

3．组页眉和组页脚

若将数据按照字段分组，则可以在报表中使用组页眉和组页脚。例如，若将报表按班级分组，则可添加 "班级页眉" 和 "班级页脚"。在这个节中，可显示该组中的信息，如组名称、本组数据小计、平均值等，将出现在每组的开头和结尾处。

在报表中最多可按 10 个字段或表达式进行分组。当根据多个字段或表达式进行分组时，Access 会根据它们的分组级别对组进行嵌套。分组所给予的第一个字段或表达式是第一个且最重要的分组级别，分组所给予的第二个字段或表达式是下一个分组级别，以此类推。

4．主体节

主体节是报表的核心部分，是输出数据的主要区域，包含了报表中的重要数据。主体的控件通常与报表所基于的表或查询的内容相对应，在显示和打印数据时，其所满足条件的记录都将依次出现在主体中对应控件所在位置。

凡是希望按顺序列出的数据，都应以控件形式安排在主体节中。凡是希望作为标题、分类、汇总等形式出现的数据，都应以控件形式安排在其他节中。

6.1.4 报表和窗体的区别

报表与窗体的建立过程很相似。两者的主要区别在于，窗体将最终结果显示在屏幕上，而报表则可以打印出来；另外，窗体可以实现交互操作，而报表不能。

就操作的程序及方法而言，报表和窗体几乎一样，但其中还有些差别，这主要来自于两者当初的设计理念。报表是打印数据的专门工具，打印前可事先排序与分组，但无法在报表窗口模式中更改数据。窗体恰好相反，除了美化输入界面外，主要目的就是维护数据记录，两者恰好相辅相成。

6.2 创建报表

前面介绍了报表的基础知识，创建报表的前提是必须有数据（"表"或"查询"）作为创建报表的数据源。本节介绍如何利用数据"表"或"查询"来创建各类报表。

创建报表的方法有 5 种，分别为使用"报表"自动创建、创建"空报表"和"标签"报表及通过"报表设计"和"报表向导"方法进行报表创建。本节中只介绍前 3 种方法，后两种方法在6.3 和 6.4 节中做详细介绍。

6.2.1 使用"报表"自动创建报表

使用"报表"可以创建一个包含当前表或查询中所有字段的报表。用这种方式创建的报表格式是由系统规定的，创建出的报表可以通过报表"设计视图"来修改。

例 6-1 使用"报表"自动创建"学生信息"的报表。

具体操作步骤如下。

（1）打开"学生成绩管理"数据库，导航窗格中选择"表"对象，选中"学生"表作为数据源，选择"创建"选项卡上的"报表"组中的"报表"按钮，将弹出以学生表为数据源并选择了全部字段的报表布局视图。点击"设计"选项卡"视图"组中的"设计视图"，查看"学生"报表的"设计视图"，如图 6-7 所示。

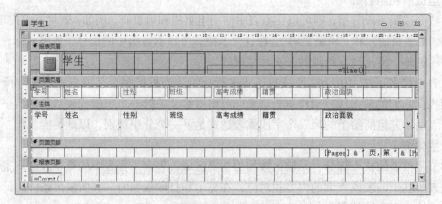

图 6-7 "学生"报表的"设计视图"

（2）在该"设计视图"中可对字段的排列进行调整。例如，将鼠标指向某个控件，使其成为十字，拖动控件至合适的位置，鼠标成为双向箭头时，还可以调整控件的高度和宽度。调整后的

"设计视图"如图 6-8 所示。进行调整的过程中可以使用"报表视图"查看效果。

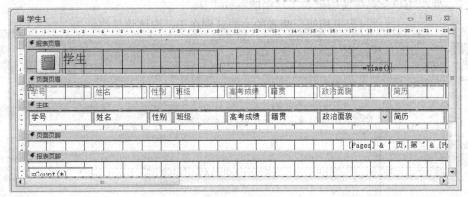

图 6-8　调整后的"设计视图"

（3）选择"开始"选项卡"视图"组中的"报表视图"选项，则可看到该报表的最终效果，如图 6-9 所示。

图 6-9　调整后的"报表视图"

（4）单击报表的"关闭"按钮，弹出保存提示对话框，如图 6-10 所示，单击"是"按钮，弹出"另存为"对话框，如图 6-11 所示，输入报表名称"学生信息"即可。

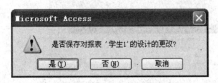

图 6-10　保存报表对话框　　　　　图 6-11　"另存为"对话框

使用"报表"自动创建报表的方法，操作简单，容易掌握，但是报表的格式不能随心所欲，因此还要学习使用其他方法设计创建报表。

6.2.2　使用"空报表"创建报表

创建"空报表"，可以在其中插入字段和控件，并可自行设计该报表。操作步骤如下。

打开"学生成绩管理"数据库，导航窗格中选择"表"对象，选中"学生"表作为数据源，单击"创建"选项卡，单击 "报表"组中"空报表"按钮，将弹出"空报表"的"设计视图"，如图 6-12 所示。用户可在此"设计视图"中插入字段和控件，创建个性的报表。一般此类创建报表的方法，要求用户会熟练使用报表工具箱的各种工具。

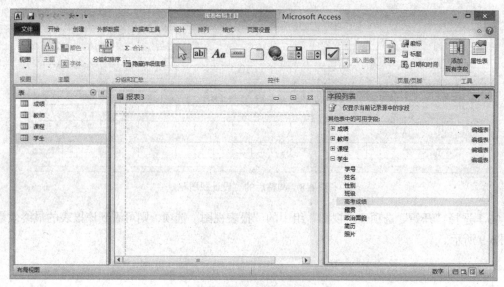

图 6-12　创建空报表

6.2.3　使用标签创建报表

标签是 Access 报表的一种特殊类型，也是日常生活中常用的一种类型。将标签绑定到表或查询中，Access 就会为基础记录源中的每条记录生成一个标签。

例 6-2　为每个学生生成一个基本信息标签。

具体操作步骤如下。

（1）打开"学生成绩管理"数据库，导航窗格中选择"表"对象，选中"学生"表，选择"创建"选项卡"报表"组中的"标签"按钮，弹出"标签向导"对话框，如图 6-13 所示。

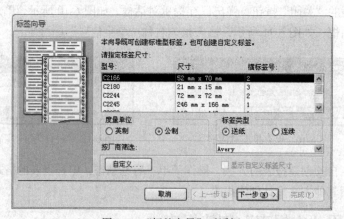

图 6-13　"标签向导"对话框

（2）在该对话框中，用户可以选择 Access 提供的标准型标签或者用户自定义的标签。

如果选择其他尺寸，在"按厂商筛选"下拉列表中选择所需标签型号的厂商，并在"度量单位"和"标签类型"框中分别指定所需的选项，然后选择所需的标签尺度。

如果系统预设的标签列表框中没有合适的标签尺寸，用户可以单击"自定义…"按钮自行定义尺寸。

具体操作步骤如下。

① 单击"自定义…"按钮，打开"新建标签尺寸"对话框，如图6-14所示。

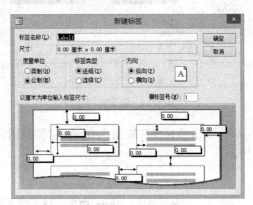

图6-14　"新建标签尺寸"对话框　　　　　　图6-15　设置自定义标签

② 单击"新建"按钮，打开如图6-15所示的"新建标签"对话框，然后在"新建标签"对话框中指定标签的名称、尺寸、度量单位、标签类型、方向以及横标签号。

③ 设置完成后单击"确定"按钮，返回"新建标签尺寸"对话框中。单击"关闭"按钮，系统将在标签列表中只显示用户创建的标签，并选中"显示自定义标签尺寸"复选框。

（3）"标签"尺寸选定后，单击"下一步"按钮，"标签向导"提示用户选择文本的字体和颜色，如图6-16所示，根据需要进行设置。

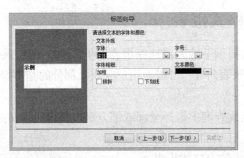

图6-16　选择文本的字体和颜色　　　　　　图6-17　确定邮件标签的显示内容

（4）单击"下一步"按钮，"标签向导"提示用户确定邮件标签的显示内容，如图6-17所示。用户可以直接在右侧的"原型标签"框中移动光标的位置，然后在相应的位置输入或者添加所需的内容。

（5）单击"下一步"按钮，"标签向导"提示用户确定按哪些字段排序，如图6-18所示。用户可以在此对话框中按照数据库中一个或多个字段对标签进行排序。这里我们选择按"学号"进行排序。

（6）单击"下一步"按钮，"标签向导"提示用户指定报表的名称，如图6-19所示。在"请指定报表的名称"文本框中指定报表名称为"标签报表"，然后选择创建标签后的操作，有查看标签的打印预览、修改标签设计两种操作。

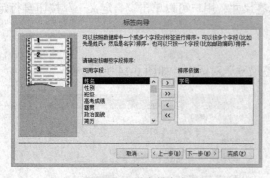
图6-18　设定排序字段

图6-19　为标签报表命名

（7）单击"完成"按钮，Access将按照用户指定的设计创建相应的标签并在指定的视图中打开报表。

6.3　使用"报表向导"创建报表

上节介绍的创建报表的方法创建出的报表比较简单，而使用"报表向导"创建报表，是在系统的引导下完成报表的设计，操作简单，适宜刚开始使用Access的用户，且可以方便地创建出比较复杂的报表，如在创建过程中，用户可以选择背景、字体以及进行分组等。使用"报表向导"是制作报表最常用的方法，使用"报表向导"按钮可以创建纵栏表式报表、表格式报表、两端对齐式报表。

6.3.1　使用"报表向导"创建表格式报表

使用"报表向导"创建报表时，可以在向导的提示下输入或选择报表中所需的数据源，并挑选适当的套用格式，完成创建报表的工作。因为"报表向导"可以为用户完成大部分的基本操作，所以能够较快地完成创建报表的过程。

使用"报表向导"创建报表时，可以从一个表或查询中选择全部或部分字段，也可以从多个不同的表或查询中选择字段作为记录来源。

例6-3　利用"报表向导"创建"学生"信息表的表格式报表。

具体操作步骤如下。

（1）打开"学生成绩管理"数据库，导航窗格中选择"表"对象，选中"学生"表，选择"创建"选项卡"报表"组的"报表向导"按钮，弹出"报表向导"对话框。

（2）在"报表向导"对话框中，在"表/查询"下拉列表中选择"学生"表作为数据源，将需要在报表中使用的字段从"可用字段"列表框中移到"选定的字段"列表框处。本例选择除"照片""简历"字段外的所有字段，如图6-20所示。

（3）单击"下一步"按钮，弹出如图6-21所示的对话框，在此可设置是否添加分组级别，本例不分组。

（4）单击"下一步"按钮，在如图6-22所示的对话框中选择"学号"，表示预览和打印时，将按"学号"字段做升序排列，用户允许在报表中选择1~4个排序字段。

（5）单击"下一步"按钮，在如图 6-23 所示的对话框中选择报表的布局方式。这里选择"表格"和"纵向"。

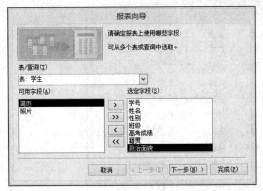

图 6-20　选择字段

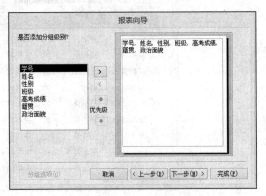

图 6-21　设置分组依据

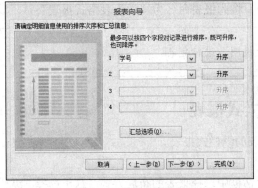

图 6-22　指定排序字段

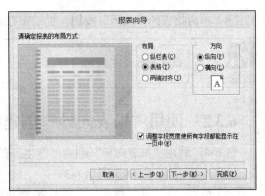

图 6-23　选择布局方式

（6）单击"下一步"按钮，在如图 6-24 所示的对话框中，输入报表的标题"学生表格式报表"，选中"预览报表"单选按钮。

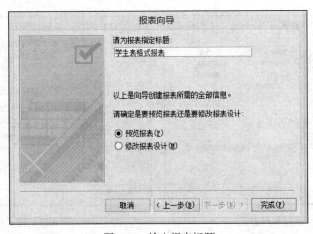

图 6-24　输入报表标题

（7）单击"完成"按钮，自动弹出报表的预览效果，如图 6-25 所示。

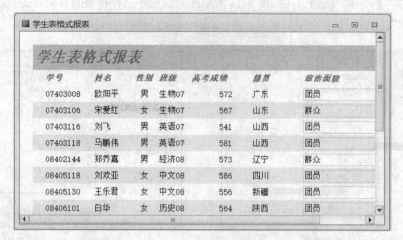

图 6-25　预览报表

（8）单击报表的"关闭"按钮，提示保存报表，将此报表命名为"学生表格式报表"。

注意

　　若报表格式不理想，可以使用"设计视图"进行完善。

6.3.2　使用"报表向导"创建纵栏式报表

例 6-4　利用"报表向导"创建"学生"信息表的纵栏式报表。

操作步骤（1）～（4）同例 6-3。

（5）单击"下一步"按钮，在图 6-26 所示的对话框中选择报表的布局方式。这里选择"纵栏表"和"纵向"。

（6）单击"下一步"按钮，在图 6-27 所示的对话框中，输入报表的标题"学生纵栏式报表"，选中"预览报表"单选按钮。

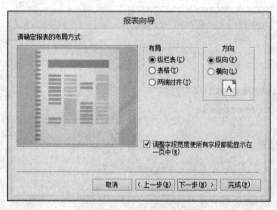

图 6-26　选择布局方式

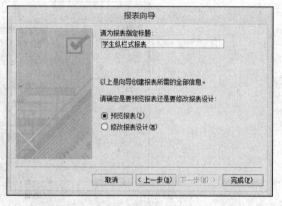

图 6-27　输入报表标题

（7）单击"完成"按钮，自动弹出报表的预览效果，如图 6-28 所示。

（8）单击报表的"关闭"按钮，提示保存报表，将此报表命名为"学生纵栏式报表"。

图 6-28　预览报表

6.3.3　使用"报表向导"创建两端对齐式报表

例 6-5　利用"报表向导"创建"学生"信息表的两端对齐式报表。

操作步骤（1）～（4）同例 6-3。

（5）单击"下一步"按钮，在图 6-29 所示的对话框中选择报表的布局方式。这里选择"两端对齐"和"纵向"。

（6）单击"下一步"按钮，在图 6-30 所示的对话框中，输入报表的标题"学生两端对齐式报表"，选中"预览报表"单选按钮。

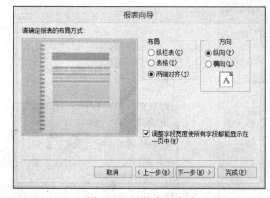

图 6-29　选择布局方式

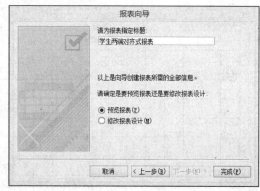

图 6-30　输入报表标题

（7）单击"完成"按钮，自动弹出报表的预览效果，如图 6-31 所示。

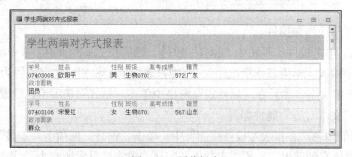

图 6-31　预览报表

（8）单击报表的"关闭"按钮，提示保存报表，将此报表命名为"学生两端对齐式报表"。

6.4 使用"报表设计"创建报表

使用报表"设计视图"，既可以创建报表，又可以修改报表，能最大限度地满足用户需求和设计者的个性要求。

6.4.1 使用"设计视图"创建报表

简单报表，可以使用"报表向导"等工具直接进行创建。复杂的报表，使用向导创建在布局上会有一些缺陷，需要加以修改。这时，可以将报表由"报表视图"切换到"设计视图"中进行修改或自行设计。

例6-6 使用"设计视图"设计"学生基本情况表"报表。

具体操作步骤如下。

（1）打开"学生成绩管理"数据库，导航窗格中选择"表"对象，选中"学生"表，选择"创建"选项卡"报表"组的"报表设计"按钮，弹出报表的"设计视图"，如图6-32所示。

在报表"设计视图"中，单击"设计"选项卡"控件"组右下角的"其他"按钮，弹出"报表控件工具箱"，如图6-33所示。熟练掌握报表工具箱中的控件，了解其中各项的用途，充分使用报表的各个控件，才能设计出理想的报表。

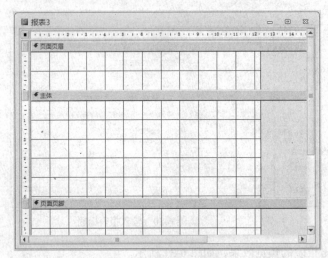

图6-32 报表"设计视图"

图6-33 报表工具箱

（2）给报表工作区添加控件。

① 设计标题。单击控件工具箱中"标签"控件，然后在"页面页眉"节中的适当位置画出一个方框，在方框中输入"学生基本情况表"，作为报表标题。将相应文字设置为黑体、24号、加粗、居中。首先选定文字，然后在"属性表"窗格中单击"格式"选项卡，设置"字体名称""字号""字体粗细""文本对齐"属性即可。

② 设置显示的内容。在报表"设计视图"中，单击"设计"选项卡"工具"组中"添加现有字段"按钮，在窗体右侧弹出"字段列表"任务窗格。单击"显示所有表"，选择"学生"表，单

击左侧"+"展开，则该表的字段被列出。从字段列表中把"学号""姓名""性别""班级""籍贯""政治面貌"6 个字段拖到报表设计器的工作区"主体"节的适当位置上。

③ 设置页码。单击"设计"选项卡上的"页码"按钮，弹出"页码"对话框，设置格式、位置、对齐方式及首页是否显示页码等，然后单击"确定"按钮，如图 6-34 所示。

④ 用拖动方式或修改属性值的方法调整各个控件的位置和大小以满足要求，如图 6-35 所示。

图 6-34　"页码"对话框

图 6-35　添加控件

（3）单击"保存"按钮，输入报表名称"学生基本情况表"，单击"确定"按钮，保存报表。

（4）切换到"报表视图"，预览报表，如图 6-36 所示。

图 6-36　预览报表

（5）预览中若对报表不满意，可修改报表。

① 切换到"设计视图"。

② 把"主体"节中的标签"学号""姓名""性别""班级""籍贯""政治面貌"删除，再在"页面页眉"节中加入标签"学号""姓名""性别""班级""籍贯""政治面貌"。修改后的报表"设计视图"如图 6-37 所示，相应"报表视图"如图 6-38 所示。

图 6-37　修改后的"设计视图"

图 6-38　修改后的"报表视图"

例 6-7　使用报表"设计视图"，为"学生"信息表中的每位同学制作一个借书证。

具体操作步骤如下。

（1）打开"学生成绩管理"数据库，选择"学生"表，选择"创建"选项卡"报表"组中的"报表设计"按钮，弹出报表的"设计视图"。在"设计视图"窗体内右击，出现的快捷菜单中单击"页面页眉/页脚"，取消"页面页眉/页脚"节的显示，只留下"主体"节，并增加"主体"节的高度。

（2）在报表"设计视图"中，单击"设计"选项卡上的"属性表"按钮，打开"属性表"窗体，设置报表属性。将"所选内容的类型"设置为"报表"，"全部"选项卡上的"记录源"属性设置为"学生"表，将"标题"属性设置为"借书证"，如图 6-39 所示。

图 6-39　"属性表"窗体

图 6-40　完成后的"设计视图"

（3）单击"添加现有字段"按钮，打开"字段列表"窗体，显示出"学生"表中的所有字段。将其中的"学号"、"姓名"、"性别"和"班级"字段分别拖放至报表的"主体"节中，会形成 4 个与"学生"表中字段绑定的文本框控件。再将字段列表中的"照片"字段拖放到"主体"节中，形成一个 OLE 绑定控件。

（4）在"属性表"窗体中，单击"格式"选项卡，设置各个文本框的字体、字号和特殊效果等属性。再删除与 OLE 绑定控件相关联的"照片"标签，并调整所有控件的位置和大小。各个文本框的对齐，可以选中相应文本框后，使用"排列"选项卡中的"对齐"等按钮进行设置。

（5）单击"控件工具箱"中的"标签"按钮，在"主体"节上方适当位置画出一个方框，添加一个"标签"控件，在方框中输入"借书证"作为标题，并设置其字体、字号并调整控件大小等。各个文本框标签的字体可设置为隶书、20 号，标题标签的字体可设置为隶书、48 号。

（6）单击"控件工具箱"中的"直线"按钮，在"借书证"标题下方画出一条直线，单击"格式"选项卡，在"控件格式"中单击"形状轮廓"下拉列表，设置其"线条宽度"为 3pt、"线条类型"为实线型。

（7）单击"控件工具箱"中的"矩形"按钮，拖动鼠标在"主体"节内画出一个包含所有控件的方框，作为借书证的边框。注意，要将矩形的"背景样式"属性设置为"透明"。完成后的"设计视图"如图 6-40 所示。

（8）保存报表。切换到"报表视图"，可以预览报表效果，如图 6-41 所示。

图 6-41 "借书证"预览效果

例 6-8 在"设计视图"下,创建多列报表。利用"学生"表,创建多列报表,包含"学号""姓名""性别""班级""籍贯"和"政治面貌"字段。

具体操作步骤如下。

(1)打开"学生成绩管理"数据库,在导航窗格中选择"表"对象,选择"学生"表,利用"报表向导"创建基于"学生"表的"表格式"报表,只含指定字段。

(2)切换到"设计视图",调整各字段的宽度及格式,如图 6-42 所示。

图 6-42 "学生"表格式多列报表"设计视图"

(3)设置报表为横向打印。单击"页面设置"选项卡中的"横向"按钮。

(4)设置页边距。单击"页面设置"按钮,打开"页面设置"对话框,设置上、下、左、右的页边距均为 25 毫米,如图 6-43 所示。

(5)切换到"列"选项卡,设置各参数如图 6-44 所示。

图 6-43 "页面设置"对话框

图 6-44 "列"选项卡

图 6-44 中的各参数的相关说明如下。

① "行间距"：用于指定记录间的垂直距离。

② "列间距"：用于指定记录间的水平距离。

③ "列尺寸"：用于指定列的宽度和高度。

④ "列布局"："先列后行"表示记录数据在报表中列优先，然后再排行；"先行后列"表示行优先而后再排列来记录数据。

（6）切换到"页"选项卡，并在此选项卡中指定打印方向和纸张大小，如图 6-45 所示。

图 6-45 "页"选项卡

（7）单击"确定"按钮，保存报表，完成多列报表的创建。

（8）切换到"打印预览"视图，效果图如图 6-46 所示。

图 6-46 "打印预览"视图

6.4.2 报表控件的使用

与在窗体"设计视图"中一样，在报表"设计视图"中同样可以使用 Access 提供的"报表设计"选项卡和"报表控件工具箱"。为了更准确、更全面地显示报表的内容，在报表中有时需要添加一些其他的控件，如在报表中绘制线条或矩形、添加图片或其他对象、添加页码和分页符等。另外，若为报表指定了数据源，还可以在报表中创建与数据源中绑定的数据控件。

下面简单介绍报表中最常用的"标签""文本框""图像"和"图表"控件，而其他控件的使用与在窗体设计中控件的使用方法一样，不再赘述。

（1）添加"标签"控件的方法

在报表"设计视图"中，单击"设计"选项卡上的"报表控件工具箱"中的 按钮，用鼠标在报表的"节"中拖动一个方框，然后定义"标签"控件的属性。定义"标签"的属性主要是定义标签的高度宽度、标签的标题、标签显示内容的格式、背景颜色及边框样式等。

（2）添加"文本框"控件的方法

在报表"设计视图"中，单击"设计"选项卡上的"报表控件工具箱"中的 按钮，用鼠标在报表的"节"中拖动一个方框，然后分别定义"标签框"和"文本框"控件的属性。"标签框"主要是定义标题；"文本框"主要是定义报表的记录源、文本框的控件来源、文本框显示内容的格式、背景颜色及边框样式等。

（3）添加"图像"控件的方法

在报表"设计视图"中，单击"设计"选项卡上的"报表控件工具箱"中的 按钮，用鼠标在报表的"节"中拖动一个方框，然后定义"图像"控件的属性。定义"图像"控件的属性主要是定义图像的位置、图像的来源、图像显示内容的格式、背景颜色及边框样式等。

（4）添加"图表"控件的方法

Access 中的图表是使用 Microsoft Graph 应用程序或其他 OLE 应用程序来建立的。作为一般的规则，图表只是非结合型对象框架的特殊形式。使用 Graph 应用程序可以根据数据库表或查询中的数据来绘制数据图表。由于 Graph 应用程序也是一个导入 OLE 应用程序，所以它本身不能独立工作，必须在 Access 内部运行。在导入一个图表后，用户可以像处理其他 OLE 对象一样处理该图表。

图表报表是一种特殊格式的报表，其可以将数据源中的数据以图表的方式显示出来，能够更直观地表现数据之间的关系。

使用"图表向导"通常只能处理单一数据源中的数据。如果要从多个数据源中获取数据，可以先创建一个基于多个数据源的查询，然后以此查询作为图表报表的数据源。

例 6-9　利用"图表向导"创建"学生图表报表"，对各班级人数进行对比。

具体操作步骤如下。

（1）打开"学生成绩管理"数据库，在导航窗格中选择"表"对象，选择"学生"表，选择"创建"选项卡"报表"组中的"报表设计"按钮，弹出报表的"设计视图"。

单击"设计"选项卡的控件组右下角的箭头，选择"图表"控件，然后在主体区画出一个方框，并弹出"图表向导"对话框，如图 6-47 所示。在对话框中"请选择用于创建图表的表或查询"下拉列表中指定"学生"表作为报表数据来源。

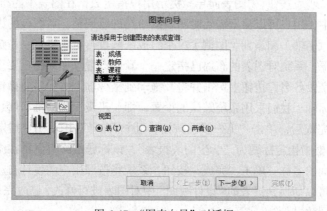

图 6-47　"图表向导"对话框

（2）单击"下一步"按钮，弹出"图表向导"对话框，如图 6-48 所示，"图表向导"提示用户选择图表数据所在的字段。可以将"可用字段"列表框中所需的字段添加到"用于图表的字段"列表框中。我们根据需要选择"班级"和"政治面貌"字段添加到"用于图表的字段"列表框中。

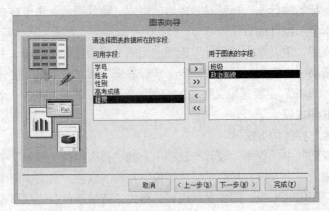

图 6-48　设置图表可用字段

（3）单击"下一步"按钮，"图表向导"提示用户选择图表的类型，如图 6-49 所示。对话框的左侧列出了系统提供的 20 种图表类型。当某种图表类型被选中后，用户可以在对话框右侧查看与之对应的说明。我们选择"柱形图"为图表的类型。

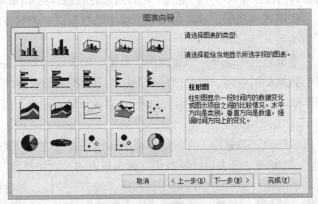

图 6-49　选择图表的类型

（4）单击"下一步"按钮，"图表向导"提示用户指定数据在图表中的布局方式，如图 6-50 所示。在该对话框中，用户可以根据需要对图表的布局进行调整。对图表的设计主要是对图表的横轴（x 轴）、数据（y 轴）和系列（图例）三个组成区域进行重新设定，指定各个组成区域对应的字段。默认情况下，系统对图表的布局已指定一个默认设置。如果用户要重新定义坐标轴的含义，可以在右侧的字段各名称按钮上单击并将其拖动到坐标轴上。如果要撤销对坐标轴的定义，可以将字段脱离坐标轴。我们采用系统默认的设置，即"班级"为横轴、"政治面貌"为图例。

（5）图表设计完成后，单击"下一步"按钮，"图表向导"提示用户指定图表的标题，如图 6-51 所示。在对话框中指定标题为"学生图表报表"，该标题最终将显示在图表上，其默认名称为数据来源表或查询的名称。单击"完成"按钮，系统将按照用户的设计自动生成一张图表，如图 6-52 所示。我们可以切换到报表的"设计视图"中对图表进行修改，修改完成后可以切换到"报表视图"中查看实际效果。

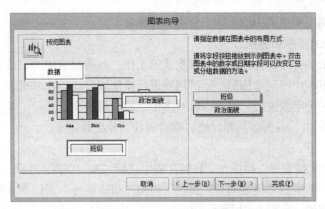

图 6-50　指定图表布局方式

图 6-51　指定图表标题

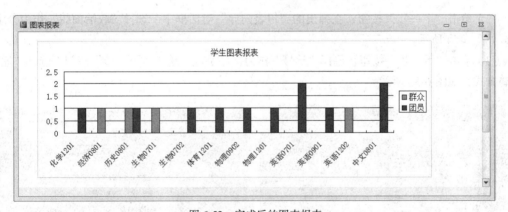

图 6-52　完成后的图表报表

（6）单击报表设计工具栏中的"保存"按钮，保存创建好的"学生图表报表"。

6.4.3　计算、排序、分组与汇总

创建报表时，经常需要依据某个字段或表达式的值进行计算、分组、汇总和排序输出。这样的报表既有针对性又直观，便于用户使用。

要注意的是，若需要对报表的数据进行分组统计，则应将计算控件添加到"组页眉"或"组页脚"节中；若需要对报表的记录进行统计，则通常将计算控件添加到"报表页眉"或"报表页脚"节中。

下面分别以实例说明报表中的排序、分组、计算和汇总。

1. 报表中记录的排序和分组

数据库中的记录的排序和分组是一项很重要的工作。如果报表中的记录非常多且记录的顺序又杂乱无章，可对报表中的记录按照一定的规则进行排序或分组。在对报表中的记录进行排序和分组时，可以针对一个字段进行，也可以针对多个字段分别进行。

例 6-10　以"学生"表为数据源，按"政治面貌"分组并排序。

具体操作步骤如下。

（1）打开"学生成绩管理"数据库，导航窗格中选择"表"对象，选择"学生"表，选择"创建"选项卡"报表"组中的"报表向导"按钮，弹出"报表向导"对话框。在该对话框中选择学生表，并选定全部字段，如图 6-53 所示。

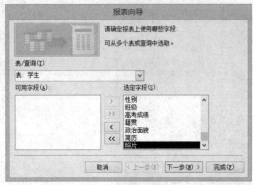

图 6-53　选定字段

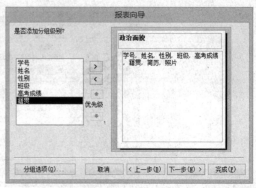

图 6-54　选择分组级别

（2）单击"下一步"按钮，在弹出的"报表向导"对话框中，选择"政治面貌"作为分组级别，如图 6-54 所示。

（3）单击"下一步"按钮，选择"学号"作为排序字段。单击"下一步"按钮，选择"递阶"布局方式，如图 6-55 所示。

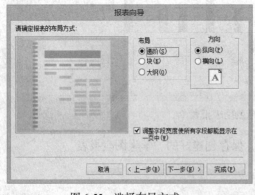

图 6-55　选择布局方式

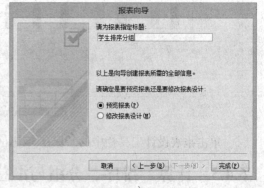

图 6-56　指定报表标题

（4）单击"下一步"按钮，"报表向导"提示用户指定报表的标题，如图 6-56 所示。在对话框中指定标题为"学生排序分组"，该标题最终将显示在报表上。单击"完成"按钮，系统将按照用户的设计自动生成一张报表，如图 6-57 所示。我们可以切换到报表的"设计视图"对报表进行修改，修改完成后可以切换到"报表视图"查看实际效果。

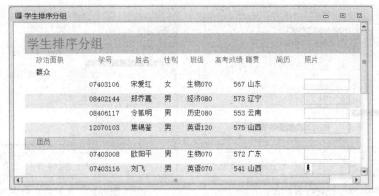

图 6-57　完成后的报表

（5）单击报表设计工具栏中的"保存"按钮，保存创建好的"学生排序分组"。

2. 报表中记录的计算和汇总

对报表进行计算和汇总是依照系统提供的计算函数和添加计算控件来完成的。在设计报表时，常使用未绑定的文本框作为计算控件，其他具有"控件来源"属性的控件，也都可以作为在报表中显示计算数据的控件。在报表中，可以对已有数据源按某一字段值分组，对值相同的各组记录进行统计汇总，也可以对已有数据源中的全部记录进行统计汇总。

报表统计汇总中常用的计算函数如表 6-1 所示。

表6-1　常用的统计计算函数

函数	功能
Avg	计算指定范围内的多个记录中指定字段值的平均值
Count	计算指定范围内的记录个数
First	返回指定范围内的多个记录中第一个记录指定字段的值
Last	返回指定范围内的多个记录中最后一个记录指定字段的值
Max	返回指定范围内的多个记录中的最大值
Min	返回指定范围内的多个记录中的最小值
StDev	计算标准偏差
Sum	计算指定范围内的多个记录中指定字段值的和
Var	计算总体方差

例 6-11　创建"学生成绩"报表，使之能够显示每位学生已修课程的平均分、已修课程的学分之和与不及格课程数。

本例首先通过"报表向导"创建一个"学生成绩"报表，然后在此基础上进行排序与分组设计。具体操作步骤如下。

（1）打开"学生成绩管理"数据库，导航窗格中选择"表"对象，选择"学生"表，选择"创建"选项卡上的"报表"组的"报表向导"按钮，弹出"报表向导"对话框。在该对话框中，先从"学生"表中选择"学号"和"姓名"字段，然后从"课程"表中选择"课程名"和"学分"字段，再从"成绩"表中选择"成绩"字段，如图 6-58 所示。

（2）单击"下一步"按钮，在弹出的对话框中选择"通过学生"来确定查看数据的方式，表明以"学号"、"姓名"这两个字段作为默认分组依据，如图 6-59 所示。

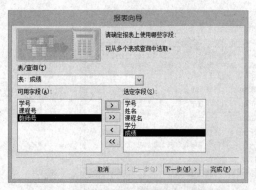

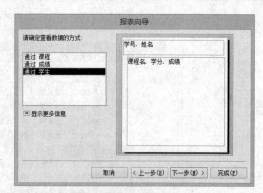

图 6-58　设置报表字段　　　　　　　　　　图 6-59　选择数据查看方式

（3）单击"下一步"按钮，在弹出的对话框中确定是否添加分组字段。本例中跳过这一步。

（4）单击"下一步"按钮，在弹出的对话框中确定明细数据的排序方式。本例选择以"课程名"字段的"升序"排序，如图 6-60 所示。

（5）单击"下一步"按钮，在弹出的对话框中选择报表的布局方式。这里选择"递阶"和"纵向"。如图 6-61 所示。

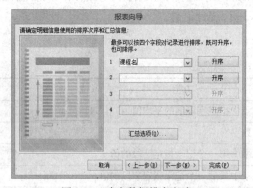

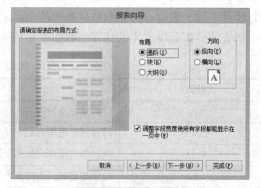

图 6-60　确定数据排序方式　　　　　　　　图 6-61　选择布局方式

（6）继续单击"下一步"按钮，在弹出的对话框中输入报表名称"学生成绩"。单击"完成"按钮，可以预览报表效果，如图 6-62 所示。

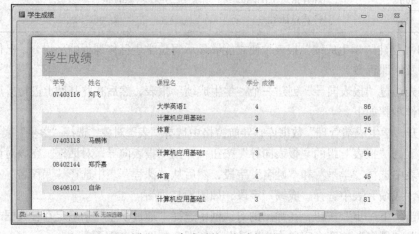

图 6-62　完成后的"报表视图"

（7）切换到"学生成绩"报表的"设计视图"。单击"设计"选项卡上的"分组和排序"按钮，打开"分组、排序和汇总"窗体。由于前面通过向导已经将"学号"和"课程名"分别设置为分组依据和排序字段了，因此在"分组、排序和汇总"窗体中已经默认地显示了这两个字段，并且均以"升序"排序。在"设计视图"中可以看到，自动添加了"学号页眉"节，实际上就是"组页眉"。

（8）在"分组、排序和汇总"窗体中，"学号"分组形式后展开，并设置为"有页脚节"。如图 6-63 所示。

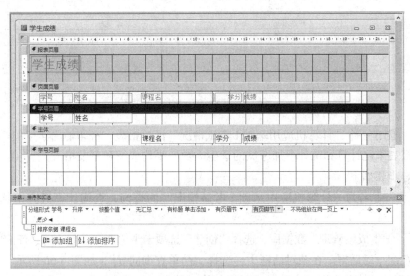

图 6-63　展开页脚节

（9）在"学号页脚"节中，添加 3 个未绑定的文本框作为计算控件，分别用于计算该学号的学生已修学分、平均成绩和不及格课程数。分别设置这 3 个文本框标签为"已修学分""平均成绩"和"不及格课程数"，并分别添加计算公式到 3 个文本框控件的"控件来源"属性。已修学分的计算公式为"=Sum([课程]![学分])"，平均成绩的计算公式为"=Avg([成绩]![成绩])"，不及格课程数的计算公式为"=Sum(IIf([成绩]![成绩]<60,1,0))"。

（10）在"学号页脚"节底部添加一条直线，作为组之间的分隔线。完成后的报表"设计视图"如图 6-64 所示。

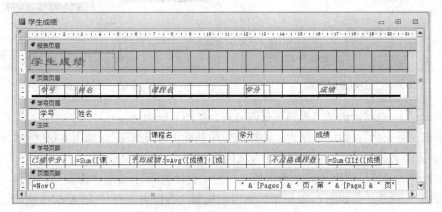

图 6-64　完成后的报表"设计视图"

（11）保存报表。切换到"报表视图"，可以看到设计出的报表预览效果，如图6-65所示。

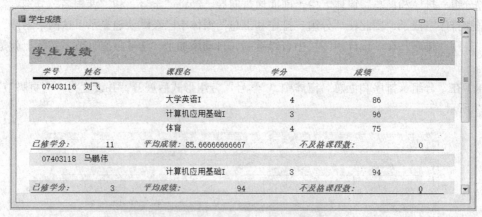

图6-65 "学生成绩"报表预览效果

例6-12 创建一个"计算机应用基础Ⅰ考试情况"汇总报表，打印输出学生的学号、姓名和成绩，并在报表末尾计算和统计参加考试的学生人数、平均成绩和不及格人数。

具体操作步骤如下。

（1）创建一个名为"计算机应用基础Ⅰ考试情况"的查询，查询计算机应用基础Ⅰ的考试情况。

① 打开"学生成绩管理"数据库，选择"创建"选项卡上"查询"组中的"查询向导"按钮，弹出"新建查询"对话框。在该对话框中，选择"简单查询向导"，如图6-66所示。

② 在打开的"简单查询向导"对话框中，从"学生"和"成绩"表中分别选取"学号""姓名""课程号"和"成绩"字段，如图6-67所示。

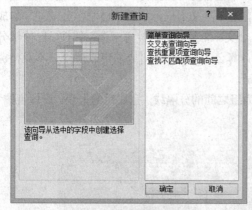

图6-66 创建查询方式

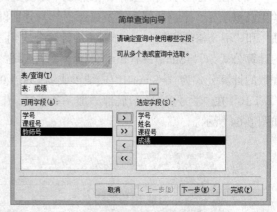

图6-67 选择查询字段

③ 单击"下一步"，选择"明细"查询方式，如图6-68所示。

④ 单击"下一步"，指定标题为"计算机应用基础Ⅰ考试情况"，如图6-69所示，单击"完成"按钮，一个名为"计算机应用基础Ⅰ考试情况"的查询创建完成。

⑤ 切换到"计算机应用基础Ⅰ考试情况"的"设计视图"，设置"课程号"条件为"01"，并取消"课程号"的显示，如图6-70所示。然后切换到"数据表视图"，如图6-71所示。

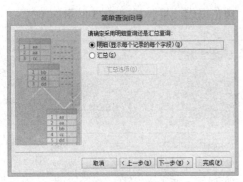

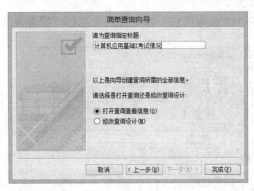

图 6-68　选择查询方式　　　　　　　　　　　图 6-69　指定标题

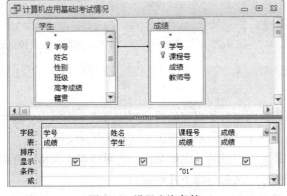

图 6-70　设置查询条件　　　　　　　　　　图 6-71　显示查询结果

（2）选择"创建"选项卡上"报表"组的"报表设计"按钮，弹出报表"设计视图"。右击报表"设计视图"窗体，在快捷菜单中单击"报表页眉/页脚"，使报表保留 5 个节，并适当调整各个节的高度。

（3）打开"属性表"窗格，将报表的"记录源"属性设置为"计算机应用基础 I 考试情况"查询，将报表的"标题"属性设置为"计算机应用基础 I 考试情况"。

（4）单击"设计"选项卡上"添加现有字段"按钮，打开"字段列表"窗体，显示"计算机应用基础 I 考试情况"查询的字段列表。将其中的"学号""姓名"和"成绩"字段分别拖放至报表的"主体"节中，形成 3 个与"计算机应用基础 I 考试情况"查询中字段绑定的文本框控件。再利用"剪切"和"粘贴"的方法，分别将与 3 个文本框关联的标签从"主体"节移动到上方的"页面页眉"节中。

（5）单击"控件工具箱"上的"标签"按钮，在"报表页眉"节添加一个"标签"控件，在"标签"控件中输入"《计算机应用基础 I》考试情况统计"，并选中该标签，在"格式"选项卡中设置其字体为隶书、字号为 28、居中。

（6）在下方的"报表页脚"节中添加 3 个未绑定的文本框作为计算控件。将 3 个文本框的标签分别设置为"考试人数"、"不及格人数"和"平均成绩"。再在 3 个文本框中分别直接输入计算公式"=Count(*)"、"=Sum(IIf([成绩]<60,1,0))"和"=Avg([成绩])"。

（7）在"属性"对话框中设置各个文本框的字体和字号为宋体 14。

（8）在"页面页眉"节的底部与"报表页脚"节的顶部各画一条直线，作为分隔线，在"属性表"中设置"边框宽度"为 2pt。报表"设计视图"如图 6-72 所示。

（9）保存报表，在工具栏上选择"报表视图"，预览报表效果，如图6-73所示。

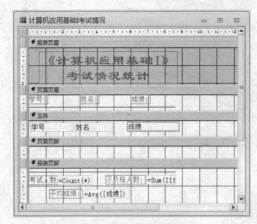

图6-72 报表"设计视图"

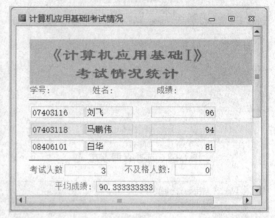

图6-73 "计算机应用基础Ⅰ考试情况"报表预览效果

6.4.4 设计子报表

子报表是出现在另一个报表内部的报表，而包含子报表的报表叫主报表。主报表中包含的是一对多关系中的"一"端的记录，而子报表显示"多"端的报表中的相关记录。

一个主报表可以是绑定型的，也可以是非绑定型的。也就是说，它可以基于表格、查询，也可以不基于它们。通常，主报表与子报表的数据来源有以下几种关系。

（1）一个主报表内的多个子报表的数据来自不相关的记录源。在这种情况下，非绑定型的主报表只是作为合并的不相关的子报表的"容器"使用。

（2）主报表和子报表数据来自相同的数据源。当希望插入包含与主报表数据相关信息的子报表时，应该把主报表与一个表格、查询或SQL语句结合。例如，对于某个产品销售报表，可以使用主报表显示每年销售量，而使用子报表显示每个季度的销售量。

（3）主报表和多个子报表数据来自相关的记录源。一个主报表能够包含两个或多个子报表共用的数据。这种情况下，子报表包含与公共数据相关的详细记录。

一个主报表最多能够包含两级子报表。

1. 将已有报表作为子报表添加到主报表上

如果已经创建了两个报表，并且这两个报表的数据源之间已经正确地建立了关系，就可以将一个报表作为主报表，而将另一个报表作为子报表添加到主报表上。

例6-13 创建一个报表，显示学生基本信息和该生的成绩信息。

本例需要使用主/子报表来实现。首先分别新建一个"学生"报表和"成绩"报表，然后将"成绩"报表作为"学生"报表中的子报表。

具体操作步骤如下。

（1）打开"学生成绩管理"数据库，选择"创建"选项卡"报表"组中"报表向导"按钮，在弹出的"报表向导"对话框中，选择"学生"表，选用字段中包含除"照片"外的所有字段，生成"学生"报表，对报表格式做适当调整。

（2）使用"报表向导"生成"成绩"报表，报表中包含"学号"、"课程号"、"成绩"字段。

（3）打开"学生"报表，如图6-74所示。

图 6-74　"学生"报表的"设计视图"

（4）改变报表"主体"节高度，选择"设计"选项卡"控件"组的"子窗体/子报表"按钮，然后在"主体"节中拖动一个方框用于放置子报表的位置，显示如图 6-75 所示的"子报表向导"的第一个对话框。

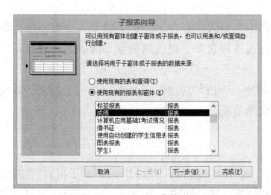

图 6-75　选择子报表数据源

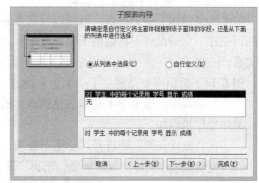

图 6-76　选择"从列表中选择"选项

（5）在此对话框中用户可以选择用于子报表的数据源。这里选择"成绩"报表。

（6）单击"下一步"按钮，打开下一个对话框。在此对话框中要求确定是"自行定义"将主窗体链接到该子窗体的字段，还是"从列表中选择"。本例选择"从列表中选择"选项，如图 6-76 所示。

（7）单击"下一步"按钮，打开最后一个对话框，在"请指定子窗体或子报表的名称"文本框中输入子报表名称"成绩"，如图 6-77 所示。

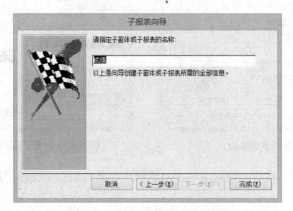

图 6-77　设定子窗体或子报表名称

（8）单击"完成"按钮。这时系统便在"学生"主报表中添加了"成绩"子报表。单击"报表视图"按钮，就可以看到如图6-78所示的报表。

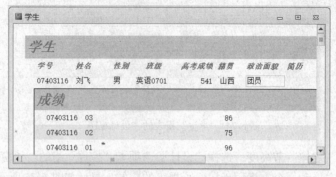

图6-78　"学生"主报表与"成绩"子报表

2. 在已有的报表中创建子报表

如果已经创建了一个报表，就可以将该报表作为主报表，并在其基础上以某一个数据表为数据源再创建一个子报表。在创建子报表之前，必须在主报表和子报表的数据来源表之间建立正确的关系。

例6-14　数据库中已建立了"学生"报表，创建一个以"成绩"表为数据源的子报表，并放到"学生"报表中，显示学生基本信息和该生的成绩信息。

具体操作步骤如下。

（1）在"设计视图"中打开"学生"报表。

（2）改变报表"主体"节的高度，选择"设计"选项卡"控件"组的"子窗体/子报表"按钮，然后在"主体"节拖动一个方框用于放置子报表的位置，显示如图6-79所示的"子报表向导"的第一个对话框。在此对话框中选择"使用现有的表和查询"选项。

（3）单击"下一步"按钮，打开下一个对话框。在该对话框的"表/查询"下拉列表中选择"表：成绩"，使用现有的"成绩"表作为子报表的数据源。在"可用字段"列表中列出了"成绩"表中的所有字段，如图6-80所示，将字段"学号""课程号""成绩"移到"选定字段"列表中。

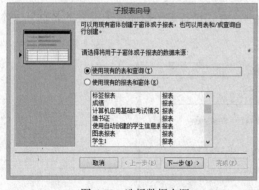

图6-79　选择数据来源

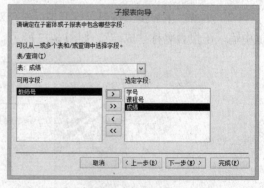

图6-80　设置子窗体或子报表中的字段

（4）单击"下一步"按钮，打开下一个对话框。在此对话框中选择"从列表中选择"选项，如图6-81所示。

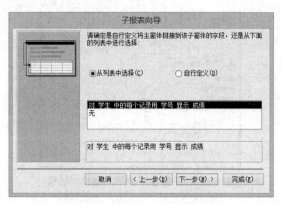

图 6-81　选择"从列表中选择"

（5）单击"下一步"按钮，打开下一个对话框。在"请指定子窗体或子报表的名称"文本框中输入子报表名称"成绩"。

（6）单击"完成"按钮。这时显示的"学生"报表的"设计视图"中将出现一个子报表控件，移动该控件到适当位置，保存对报表的设计。然后单击"打印预览"按钮，显示如图 6-82 所示的"学生"主报表和"成绩"子报表。

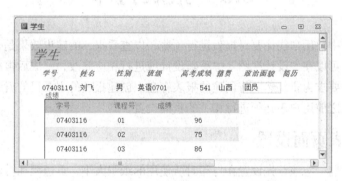

图 6-82　"学生"主报表与"成绩"子报表

3. 链接主报表和子报表

通过"子报表向导"创建子报表时，主报表的数据源表和子报表的数据源表必须正确地建立关系。这样，子报表的记录与主报表的记录之间才能保持同步。如果不使用"子报表向导"，或创建的主报表与子报表之间没有正确建立关系，那么可以通过使用 Access 2010 提供的"链接主字段"属性和"链接子字段"属性来链接主报表和子报表。链接主报表和子报表的操作步骤如下。

（1）在"设计视图"中打开主报表。

（2）选择"设计"选项卡"控件"组中的"子窗体/子报表"按钮，然后在主报表的"主体"节中需要放置子报表的位置拖动一个方框，子报表控件即显示在主报表的"主体"节中。右击子报表控件，从显示的快捷菜单中选择"属性"命令，屏幕上显示"子窗体/子报表"属性对话框，如图 6-83 所示。

（3）单击"数据"选项卡"源对象"列表框右侧的向下箭头按钮，从列表中选择一个报表作为子报表，在"链接子字段"属性框中输入子报表中"链接字段"的名称，在"链接主字段"属性框中输入主报表中的"链接字段"的名称。

（4）关闭对话框，保存对报表的设计，切换到"打印预览"视图，查看设计效果。

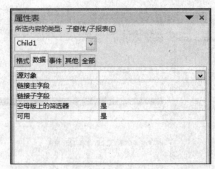

图 6-83　"子窗体/子报表"属性对话框

应该注意的是，"链接子字段"和"链接主字段"不一定具有相同的名字，但它们必须是同一种数据类型或是相互兼容的数据类型或字段大小。另外，链接字段不一定要显示在主报表或子报表上，但它们必须包含在基础记录源中。如果是通过"子报表向导"创建的子报表，则即使在向导中没有选择这些链接字段，Access 2010 也会自动将它们包含在基础记录源中。

6.5　报表打印

报表设计过程中，用户往往要对报表进行预览，以查看报表的输出效果是否符合设计要求。如果不符合要求，可以在"设计视图"中重新设计或进行相应修改，完成后再次对其进行预览，如此反复直到符合要求为止，然后将创建的报表存盘。创建报表的主要目的就是将其显示结果打印出来，但在打印之前用户还必须进行相关的页面设置。

6.5.1　报表页面设置

在打印报表之前，应该首先设置在打印时所使用的纸张大小、页边距和打印方向等。页面设置的操作步骤如下。

（1）打开要设置页面选项的"报表"对象。

（2）选择"开始"选项卡上"视图"组的"打印预览"，选择"页面布局"组中的"页面设置"按钮，弹出"页面设置"对话框，如图 6-84 所示。

图 6-84　"页面设置"对话框

（3）单击各选项卡，设置需要的选项。

（4）设置完毕后，单击"确定"按钮，保存设置并且关闭对话框。

预览报表中数据的方法是单击工具栏中的"打印预览"按钮。预览报表布局的方法是单击工具栏中的"布局视图"按钮。"打印预览"和"布局视图"都是指屏幕上查看数据打印时的外观，但前者会显示打印的全部数据，而后者只显示部分数据，其目的是让用户查看报表设计的结构，如版面配置、字体样式、字号颜色、是否已排序、分组等。因此，"布局视图"的显示速度比"打印预览"略快些。

6.5.2　打印报表

在第一次打印报表之前，用户需要认真检查目前设置的页边距、页方向、纸张大小等页面设置选项，以免影响打印质量。

要打印报表，首先需要选定需要打印的报表，选择"文件"→"打印"→"打印"命令，打开"打印"对话框，如图 6-85 所示。

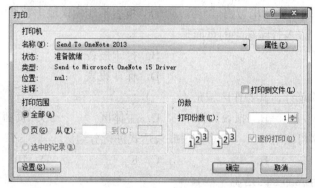

图 6-85　"打印"对话框

在"打印"对话框中进行如下设置。

（1）打印机：指定打印机的名称，查看选定打印机的状态、类型以及位置等信息。

（2）打印范围：指定打印报表的内容，如全部、页或选中的记录等。

（3）份数：指定打印报表的份数。

（4）设置：单击此按钮，打开当前报表的"页面设置"对话框。用户可以在"页面设置"对话框中设置报表的页边距、方向、列数、行间距以及尺寸等。

（5）确定设置完成后，单击"确定"按钮，以打印指定的报表内容。

如果我们要在报表的"打印预览"视图中快速打印报表，可以单击"文件"→"打印"→"打印预览"命令。

小　　结

报表是 Access 的打印界面，可以实现相应的数据统计。本章主要介绍了报表的基本概念、报表的功能与作用以及报表的分类、报表的各种设计和创建方法、报表打印前对报表进行分组、排序、汇总和计算等编辑方法，最后讲述了报表的页面设置和打印。

习 题 6

一、单项选择题

1. 用于显示整个报表的计算、汇总或其他的统计数字信息的是（　　）。

    A. 报表页脚节　　　　　　　　　　　B. 页面页脚节

    C. 主体节　　　　　　　　　　　　　D. 页面页眉节

2. 在计算控件中，每个表达式前都要加上（　　）运算符。

    A. "="　　　　　　B. "!"　　　　　　C. "."　　　　　　D. "Like"

3. 以下叙述中正确的是（　　）。

    A. 报表只能输入数据　　　　　　　　B. 报表只能输出数据

    C. 报表可以输入和输出数据　　　　　D. 报表不能输入输出数据

4. 可以快速查看报表打印结果的页面是（　　）。

    A. 预览报表　　　　　　　　　　　　B. 打印报表

    C. 打开报表　　　　　　　　　　　　D. 保存报表

5. 要实现报表的总计，其操作区域是（　　）。

    A. 报表页眉　　　　B. 报表页脚　　　　C. 主体区　　　　　D. 页面页脚

6. 一个报表最多可以对（　　）个字段或表达式进行分组。

    A. 4　　　　　　　　B. 6　　　　　　　　C. 8　　　　　　　　D. 10

7. 不属于报表组成部分的是（　　）。

    A. 报表页眉　　　　　　　　　　　　B. 报表页脚

    C. 主体　　　　　　　　　　　　　　D. 报表设计器

二、填空题

1. 报表的类型主要有_____、_____、_____、_____、_____和_____。

2. 报表的视图有_____、_____、_____和_____。

3. 报表中的数据来源是_____、_____和 SQL 语句。

4. 在 Access 中，"报表向导"分为_____、_____和_____ 3 种。

5. 在 Access 中，报表设计分页符以_____标志显示在报表的左边界上。

三、简答题

1. 报表的功能是什么？

2. 报表由哪些部分组成，各部分的作用是什么？

3. Access 的报表可以分为哪几类？

4. 创建报表的方法有几种，各有什么优点？

5. 报表的报表页眉与页面页眉有什么区别？各用来放置哪些内容？

第7章
宏

在使用 Access 数据库完成实际工作时，经常会重复执行某些操作。这些操作不仅浪费时间，而且不能保证操作上的一致性。可以通过创建宏自动执行这些重复的操作，从而保证操作的正确性，极大地提高工作效率。宏是由一个或多个操作构成的命令集合，其中每个操作可以完成一个特定的功能。利用宏可以对数据库中的对象进行各种操作，可以为数据库应用程序添加自动化的功能，并可以将各种对象联结成有机的整体。Access 提供了功能强大的创建宏的工具，使用这些工具可以创建各种各样实用的宏。

本章主要介绍宏的基本概念、创建方法、编辑方法、运行调试方法以及简单应用等内容。

7.1 宏概述

宏是 Access 中较为重要而且应用灵活的数据库对象之一。使用宏的优点在于非常方便，可以节约时间和精力，不需要记忆大量的语法格式，也不需要编程，只要掌握宏就可以完成对数据库对象的一系列操作。

Access 2010 进一步增强了宏的功能，简化了宏的操作，使得宏的创建和使用更为方便，功能更为强大，使用户可以利用宏完成更为复杂的工作。

7.1.1 宏的基本概念

宏是由一个或多个操作构成的，每个操作用来实现特定的功能，如打开或关闭数据表、查询、显示窗体和打印报表等。在使用宏时，只需要给出操作的名称、条件和参数，就可以自动完成指定的操作。

在 Access 中，宏可以分为独立宏、嵌入宏和数据宏三大类。独立宏又可以细分为操作序列宏、宏组和条件宏三类。嵌入宏嵌入到窗体、报表或控件的事件中，在导航窗格中不显示。数据宏允许在表事件中自动运行，如添加、更新或删除表数据。

操作序列宏是由顺序排列的操作组成的简单宏。操作序列宏在使用时会按照从上到下的顺序执行各个操作命令，直至操作执行完毕结束。

宏组是由若干个宏组成的。将完成相关功能的宏组成一个宏组，有助于对数据库的管理。

条件宏是指带有判定条件的宏。在满足指定条件的情况下会运行条件宏；条件不满足时，跳过该条件所指定的操作。

7.1.2 宏设计视图

Access 2010 提供了一个全新的 "宏设计视图" 窗口，使用 "宏设计视图" 可以更高效地创建、编辑或运行宏。"宏设计视图"，即宏生成器，如图 7-1 所示。

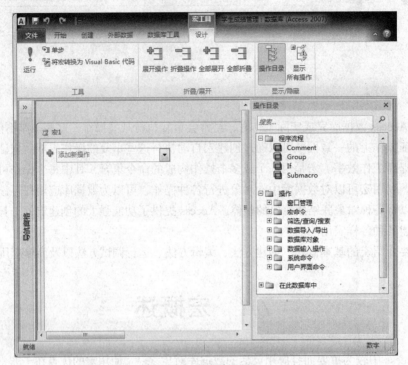

图 7-1 "宏设计视图"

"宏设计视图" 窗口分为两部分。上半部分是 "宏工具设计" 选项卡，包括 "工具" "折叠/展开" 和 "显示/隐藏" 3 个功能组，下半部分是 "导航窗格" "宏设计" 区和 "操作目录" 区。"导航窗格" 用于显示用户创建的 Access 对象，宏设计区显示 "添加新操作"，是用户选择宏操作的主要编辑区域。Access 2010 重新设计并整合宏操作，通过操作目录窗口将宏分类组织，使得用户应用更加方便。

操作目录面板中包含 3 项内容，分别是 "程序流程" "操作" 和 "在此数据库中"。当点击相应的选项时，在 "操作目录" 面板的底部会出现相应的解释。

1. 程序流程

包含注释（Comment）、组（Group）、If 条件和子宏（SubMacro）。注释是为了提高宏的可读性，对宏进行的说明。注释虽然不是必须的，但是添加注释是编程的一个良好习惯，便于个人和他人对程序的维护和理解。Group 是为了有效地管理宏引入的操作，使用组可以将操作按相关性分块，以便宏的结构更清晰，从而提高宏的可读性。子宏通常用于宏组中，If 条件用于控制宏的流程。

2. 操作

宏操作共分成 8 组，如图 7-2 所示。点击每组前的 "+" 号，可以进一步展开该组中的所有宏。将光标停在宏命令操作附近，可以显示对该命令的简单帮助信息。

图 7-2 宏操作命令列表

3. 在此数据库中

在此数据库中，列出了当前数据库中所有的宏，以便用户可以重复使用。展开"在此数据库中"，下一级列出了报表、窗体和宏，如图 7-3 所示。如果表中还包含数据宏，则还会列出表对象。

图 7-3 展开"在此数据库中"

7.1.3 常用的宏操作

Access 提供了 50 多个宏操作命令。根据宏操作的不同对象，可以将宏操作分为五大类，分别为操作数据类、执行命令类、操纵数据库对象类、导入/导出类及其他类。下面介绍一些常用的宏操作。

1. 操作数据类

操作数据类的宏操作主要用于操作表、窗体和报表中的数据。这种类型的操作又可以分为过滤操作和记录定位操作。过滤操作只有一个 ApplyFilter 操作，记录定位操作则有 FindRecord、FindNextRecord、GoToControl、GoToPage 和 GoToRecord 等操作。

（1）ApplyFilter 操作

ApplyFilter 操作可以对表、窗体或报表应用筛选、查询或 SQL Where 子句，以便对表、窗体或报表中的记录的显示进行限制。ApplyFilter 操作有三个参数，分别是"筛选名称""当条件"和"控件名称"。

（2）FindRecord 操作

该操作用于查找符合指定条件的第一条或下一条记录，记录在激活的窗体或数据表中查找。FindRecord 操作有以下几个参数。

① 查找内容：用于指定在记录中查找的数据，可以是数字、文本、日期或表达式。若输入的是表达式，则以等号开头，这是必须输入的参数。

② 匹配：用于选择在字段的什么位置查找，有"字段的任何部分""整个字段"和"字段开头" 3 个选项，默认值为"整个字段"。

③ 区分大小写：用于指定搜索是否区分大小写，有"是"和"否"两个选项，默认值是"否"。

④ 搜索：用于指定搜索前进的方向。选择"向上"，从当前记录向上搜索到记录开头；选择"向下"，从当前记录向下搜索到记录末尾；或者选择"全部"，默认值是"全部"。

⑤ 格式化搜索：用于指定搜索中是否包含格式化数据。若选择"是"，则按数据在格式化字

段中的格式进行搜索，默认值是"否"。

⑥ 只搜索当前字段：用于指定搜索范围。若选择"是"，则在每条记录的当前字段中进行搜索；若选择"否"，则在所有字段中进行搜索。默认值是"是"。

⑦ 查找第一个：用于指定搜索是从第一条记录开始还是从当前记录开始。

（3）FindNextRecord 操作

该操作用于查找下一条记录，该记录符合由前一个"FindRecord"操作或"查找和替换"对话框中指定的条件。使用 FindNextRecord 操作可以反复查找记录，该操作没有任何参数。

（4）GoToControl 操作

该操作将焦点移动到激活数据表或窗体中的指定的字段或控件上。该操作只有"控件名称"这一个参数需要进行设置。此参数为必选项，用于指定将获得焦点的字段或控件的名称。

（5）GotoRecord 操作

该操作可以使表、窗体或查询结果集中将指定的记录作为当前记录。此操作具有以下参数。

① 对象类型：指定要作为当前记录的对象类型。在下拉列表框中可以选择"表""查询""窗体""服务器视图""存储过程"或"函数"。输入为空，将选择激活的对象。

② 对象名称：指定要作为当前记录的对象名称。下拉列表框中显示了当前数据库中由"对象类型"参数所指定的全部对象。

③ 记录：指定要成为当前记录的记录。可以选择"首记录"或"尾记录""向前移动"或"向后移动"，也可以"定位"到指定的记录，还可以到一个"新记录"。默认值为"向后移动"。

④ 偏移量：指定移动记录的偏移量。必须输入整型数据或结果为整型的表达式。

（6）GoToPage 操作

该操作将焦点移动到激活窗体指定页的第一个控件，该操作有 3 个参数，分别是"页码""右"和"向下"。

2. 操纵数据库对象类

操纵数据库对象类的宏操作，可以打开对象、选择对象、删除对象等，还可以设置字段、控件或属性值。

（1）OpenTable 操作

使用该操作可以在"数据表""设计"或"打印预览"等视图中打开表。此操作具有以下几个参数。

① 表名称：选择要打开的表的名称。

② 视图：选择要在其中打开表的视图形式。可以选择"数据表""设计""打印预览""数据透视表"或"数据透视图"等视图。默认值为"数据表"。

③ 数据模式：选择要打开的表的数据输入模式，有"增加""编辑"和"只读"项可供选择。默认值为"编辑"。

（2）OpenForm 操作

使用该操作可以在"窗体""设计""打印预览"或"数据表"等视图中打开窗体。此操作具有以下几个参数。

① 窗体名称：选择要打开的窗体的名称。下拉列表框中列出了当前数据库中的所有窗体。此参数为必需项。

② 视图：选择要在其中打开窗体的视图。

③ 筛选名称：输入要应用的筛选。

④ 当条件：用于输入一个 SQL Where 语句或表达式。单击"生成"按钮可用"表达式生成器"设置参数。

⑤ 数据模式：选择窗体的数据输入模式，可以选择"增加""编辑"或"只读"。

⑥ 窗口模式：选择窗体窗口的模式。下拉列表中有"普通""隐藏""图标"和"对话框"项可供选择。

（3）OpenQuery 操作

使用该操作可以打开选择查询或交叉表查询，或者运行一个动作查询。此操作具有以下几个参数。

① 查询名称：选择要打开的查询的名称。下拉列表框中列出了当前数据库中的所有查询。此参数是必选项。

② 视图：选择要在其中打开查询的视图。

③ 数据模式：选择查询的数据输入模式。下拉列表中有"增加""编辑"和"只读"项可供选择。

（4）OpenReport 操作

使用该操作可以在"设计视图"或"打印预览"视图中打开报表或打印报表。此操作具有以下几个参数。

① 报表名称：指定要打开的报表的名称。下拉列表框中列出了当前数据库中的所有报表。此参数是必选项。

② 视图：指定要在其中打开报表的视图。可以选择"打印""设计""打印预览"或"报表"项。默认值为"报表"。

③ 筛选名称：指定限制报表记录数目的筛选条件。可以在此输入一个已有查询或另存为查询的筛选的名称。

④ 当条件：输入一个 SQL WHERE 子句或表达式。

⑤ 窗口模式：选择报表窗口模式。

（5）SelectObject 操作

使用该操作选择指定的数据库对象。此操作具有以下几个参数。

① 对象类型：指定数据库对象的类型，默认值为"表"。

② 对象名称：输入或选择特定的对象，下拉列表框中列出了由"对象类型"参数指定的所有数据库对象的名称。

③ 在数据库窗口中：可以选择"是"或"否"，选择"是"，则从导航窗格中选择对象。

3. 执行命令类

执行命令类的宏操作主要用来执行或终止命令和其他应用程序，可以执行宏、过程及 Access 的内置命令等。

（1）RunMenuCommand 操作

使用该操作可以运行一个 Access 菜单命令。此操作只有以下一个参数需要进行设置。

命令：指定将要执行的命令的名称。此参数是必项，可以在下拉列表框中选择 Access 的内置命令。

（2）RunCode 操作

使用该操作可以执行 VBA 的函数或过程。此操作只有以下一个参数需要进行设置。

函数名称：要调用的函数或过程的名称。此参数为必选项。

（3）RunMacro 操作

使用该操作可以执行一个宏、重复宏，或者基于某一条件执行宏。此操作具有以下几个需要设置的参数。

① 宏名：指定需要运行的宏的名称。下拉列表框中列出了当前数据库中的所有宏。此参数是必选项。

② 重复次数：指定宏将运行的最大次数。若此参数为空，则宏只运行一次。

③ 重复表达式：若指定了表达式，则每次运行宏时都将计算该表达式。当计算结果为 True 时运行，当计算结果为 False 时停止运行。

（4）CancelEvent 操作

使用该操作可以取消导致该宏运行的 Access 事件。此操作没有任何参数。

（5）QuitAccess 操作

使用该操作可以退出 Access。此操作只有以下一个参数需要设置。

选项：指定退出 Access 时对没有保存的对象所做的处理。可以选择"提示"、"全部保存"或"退出"项。"提示"是指弹出是否保存的提示对话框，"全部保存"不需要用户确认保存所有未保存的对象，"退出"不保存任何未保存的对象。默认值为"全部保存"。

4．其他类

该类操作主要用于提示警告、维护 Access 界面及其他一些应用。使用此类操作可以使用户界面变得更加友好，方便用户使用。

（1）MessageBox 操作

使用该操作可以显示包含警告或提示信息的消息框，常用于当验证失败时显示消息。此操作有以下几个参数需要设置。

① 消息：指定消息框中需要显示的文本。

② 发嘟嘟声：指定在显示消息时，计算机的扬声器是否发出嘟嘟声。默认值为"是"。

③ 类型：指定消息框的类型。可以选择"无""重要""警告?""警告!"和"信息"。默认值为"无"。

④ 标题：指定在消息框的标题栏中需要显示的文本。若输入为空，则显示"Microsoft Access"。

（2）Beep 操作

使用该操作可以使计算机扬声器发出嘟嘟声。此操作没有任何参数。

（3）AddMenu 操作

使用该操作可以创建菜单栏，包括自定义的菜单栏、快捷菜单、全局菜单栏、全局快捷菜单。此操作有以下几个参数需要设置。

① 菜单名称：指定要添加的菜单的名称。

② 菜单宏名称：指定宏组的名称，该宏组包含上述菜单命令所对应的宏。此参数是必选项。

③ 状态栏文字：输入出现在状态栏上的文本。

7.2　宏的基本操作

7.2.1　创建宏

1．创建简单宏

任何类型的宏，包括宏组和条件宏，都是通过"宏设计视图"创建和修改的。创建宏的核心任务就是在"添加新操作"中添加宏操作，并设置各个宏操作所涉及的参数。

例 7-1 创建一个"打开学生窗体"宏，其功能为：打开"学生"窗体，将其最大化，并将显示姓名的"文本框"指定为活动焦点。

具体操作步骤如下。

（1）打开"学生成绩管理"数据库，单击"创建"选项卡上的"宏与代码"组的"宏"按钮，打开"宏设计视图"，默认宏名称为"宏1"。

（2）在"宏1设计区"中，单击"添加新操作"右侧向下的箭头，在其下拉列表中选择需要执行的操作，在此选择"OpenForm"命令，打开该宏的操作参数列。

（3）在"窗体名称"的下拉列表中选择"学生"，在"数据模式"的下拉列表中选择"只读"，如图 7-4 所示。

（4）设置宏的第二个操作，单击"添加新操作"，选择"MaximizeWindow"，表示将窗体最大化，该动作没有操作参数。

（5）第三个新操作选择"GoToControl"命令，在操作参数列的"控件名称"文本框中输入"姓名"，即可将打开窗体上的姓名文本框指定为活动焦点。"打开学生窗体"宏的设计如图 7-4 所示。

图 7-4 "打开学生窗体"宏

（6）设计完成后，单击工具栏上的"保存"按钮或关闭宏设计器，弹出"另存为"对话框，输入宏名称"打开学生窗体"，单击"确定"按钮即可。

（7）单击"设计"选项卡上的"工具"组中的运行按钮 ，可运行当前宏，效果如图 7-5 所示。

图 7-5 "打开学生窗体"宏的运行效果

当熟悉了常用的宏命令之后，也可以在"操作"列中直接输入宏命令。我们只需要输入宏命令前面的一部分字符，Access 就会自动识别所需的操作并补充剩余的字符。如果有多条宏命令是以相同的字符开头的，我们可以输入更多的字符，从而选择正确的操作。

2．创建条件宏

某些情况下，可能希望仅当特定条件为真时才在宏中执行一个或多个操作。这时可以使用宏命令 if 条件来控制宏的流程。当条件表达式的值为"真"时，执行相应的操作。当条件表达式的值为"假"时，则跳过相应的操作。

例 7-2　创建一个"密码验证"窗体，使用含有条件的宏进行密码验证。该宏的基本功能是检查从窗口中输入的密码是否正确。如果输入的密码正确，打开学生窗体。如果输入的密码不正确，弹出消息框，提示密码错误。正确的密码为"123"。

具体操作步骤如下。

（1）打开"学生成绩管理"数据库，选择"创建"选项卡上的"窗体"组的"窗体设计"按钮，进入窗体编辑窗口，并保存窗体为"密码验证"。

（2）在窗体上设置一个文本框，用于输入密码。利用工具箱中的"文本框"控件建立一个文本框，并命名为"password"。将文本框的附属标签的标题属性设置为"请输入密码:"。

（3）为该窗体添加"确定"命令按钮和"取消"命令按钮。设置"取消"按钮的操作为"关闭窗体。"设置窗体的"记录选择器""导航按钮"和"分隔线"属性为"否"，"滚动条"为两者均无，"关闭按钮"为"是"，"最大最小化按钮"为"两者都有"，调整窗体大小和控件大小、位置，并保存窗体。窗体视图如图 7-6 所示。

（4）在"数据库"窗口中，单击"创建"选项卡上的"宏与代码"组中的"宏"按钮，打开"宏设计视图"。双击操作目录区"程序流程"下的 if 命令，将 if 操作显示出来。

（5）设置密码正确的条件及相应的操作。在 if 栏的文本框中输入条件[password]="123"。在"添加新操作"的下拉列表中，选择"OpenForm"操作。设置该操作的参数"窗体名称"项为"学生"，"数据模式"项为"编辑"。

（6）设置密码错误的条件及相应的操作。再双击操作目录区"程序流程"下的 if 命令，在 if 栏的文本框中输入条件[password]<>"123"，在"添加新操作"的下拉列表中，选择宏操作"MessageBox"。在该操作的参数"消息"项中输入"密码错误"，"类型"项选择"警告!"，在"标题"项中输入"提示"。单击"保存"按钮，输入宏名称"密码验证宏"，如图 7-7 所示。

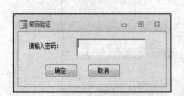

图 7-6　"密码验证"窗体视图　　　　图 7-7　"密码验证宏"的设置

（7）回到"密码验证"窗体的"设计视图"，设置"确定"命令按钮的单击事件为"密码验证宏"，如图 7-8 所示。

（8）运行"密码验证"窗体。密码正确时，打开"学生"窗体；密码错误时，弹出提示框，如图 7-9 所示。

图 7-8　"确定"按钮属性设置

图 7-9　密码错误时的提示

如果有多个条件时，还可以使用 Else If 和 Else 块来扩展 If 块。

在输入条件表达式时，可能会引用窗体或报表上的控件值，引用时可使用语句 Forms![窗体名]![控件名]或 Reports![报表名]![控件名]。

3．创建数据宏

数据宏是 Access 2010 新增加的一项功能。该功能允许在表事件中自动运行，如添加、更新或删除表数据。数据宏是一种"触发器"，通常用来检验输入的数据是否合理，对于 Web 数据库的更新尤为有用。

例 7-3　设置"成绩"表中成绩字段的取值范围是 0～100，当输入或更新该值时，要对输入值进行检查，只有符合要求的输入才被允许。

具体操作步骤如下。

（1）在"学生成绩管理"数据库中，打开"成绩"表，选择"表"选项卡，如图 7-10 所示。

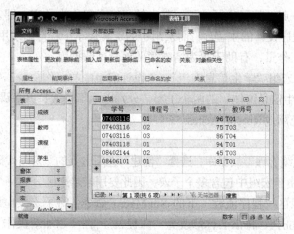

图 7-10　"成绩"表视图

（2）单击"更改前"按钮，打开"宏设计视图"。在"添加新操作"中选择"If"操作，条件表达式文本框中输入条件[成绩]>100 or [成绩]<0，再添加"RaiseError"操作，设置"错误号"为"1111"，"错误描述"为"成绩应在0～100之间"，如图7-11所示。

图7-11　设置数据宏

（3）单击"保存"按钮，关闭宏窗口。打开"成绩"表，修改表中成绩的值为"110"，当进行其他操作时，系统会弹出提示对话框，如图7-12所示。

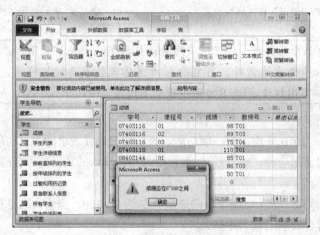

图7-12　数据宏运行的提示

4. 创建宏组

将若干个宏放到一起，就形成了宏组，其中的每一个宏称为子宏，即宏组是由若干子宏组成的集合。宏组类似于程序设计的主程序，而宏组中的宏类似于子程序。使用宏组既可以增加控制，又可以减少编制宏的工作量，有助于更为清晰简便地管理数据库。

例7-4　建立一个宏组"学生信息宏组"，并设计宏组中的操作命令。要求该宏组内包括名为"课程表"和名为"学生信息窗体"的两个子宏，分别以编辑模式打开"课程"表和打开"学生"窗体并最大化，使其充满 Microsoft Access 窗口。

具体操作步骤如下。

（1）打开"学生成绩管理"数据库，选择"创建"选项卡上的"宏与代码"组中的"宏"按钮，打开"宏设计视图"。由于宏组中包含多个子宏，因此要用宏名来区分同一个宏组中的不同子宏。

（2）双击操作目录区"程序流程"下的 SubMacro 命令，将子宏操作显示出来。子宏名称文本框中默认名称为"Sub1"，将该名称修改为"课程表"。在"添加新操作"的下拉列表中，选择"OpenTable"操作。设置该操作的参数"表名称"项为"课程"，"数据模式"项为"编辑"。再添

加 "Comment" 操作，在注释区内输入：打开课程表。可以单击 ⬆ 按钮更改宏操作的顺序。

（3）重复步骤（2），创建宏组中的第二个子宏 "学生窗体"，并选择对应操作为 "OpenForm"，在操作参数栏的 "窗体名称" 项中选择 "学生" "数据模式" 项中选择 "编辑"，使其以编辑模式打开 "学生" 窗体，注释为 "打开学生窗体"。再添加第二个操作 "MaximizeWindow"，注释为 "最大化窗口"。

（4）保存宏组为 "学生信息宏组"，结果如图 7-13 所示。

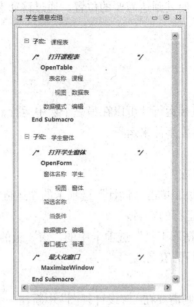

图 7-13　学生信息宏组

 宏组在运行时，只执行第一个子宏。若要引用宏组中的其他子宏，使用 "宏组名. 子宏名" 的格式。

7.2.2　编辑宏

如果对创建的宏感到不满意，还可以通过 "宏设计视图" 窗口进行编辑，通常包括添加宏操作、删除宏操作、复制宏操作和移动宏操作等。

（1）添加宏操作

向宏添加操作时，可以通过 "添加新操作" 栏和 "操作目录" 栏完成。直接在 "添加新操作" 下拉列表中选择要添加的操作；或者在 "操作目录" 的搜索栏内，搜索要添加的操作，通过右键的 "添加操作" 命令或双击完成添加操作。

（2）删除宏操作

在 "宏设计视图" 窗口中，选择要删除的操作，按 Delete 键完成删除操作，或者单击宏窗格右侧的 "删除" 按钮 ✕。

 如果删除了 If 或 Group 操作块，则该块内所有的操作也会一起被删除。

（3）复制粘贴宏操作

在"宏设计视图"窗口中，右击选择要复制的操作，在弹出的快捷菜单中选择"复制"命令，然后将光标移动到目标位置，右击并选择"粘贴"命令，或按住 Ctrl 键，将操作拖动到需要复制的位置。

（4）移动宏操作

在"宏设计视图"窗口中，选择要移动的操作，单击宏窗格右侧的"上移" ⬆ 或"下移" ⬇ 按钮，或按住鼠标左键上下拖动，使其到达需要的位置。通过移动宏操作，可以调整宏操作的执行顺序。

7.2.3　运行调试宏

1．宏的运行

宏有多种运行方式，可以直接运行，可以在另一个宏中运行，也可以在宏组中运行，还可以通过某一窗体或报表上的控件触发事件来运行。

（1）直接运行宏

执行下列操作之一可以运行宏。

① 在"宏设计视图"窗口中，单击"设计"选项卡的"运行"按钮 ❗。

② 在导航窗格中，双击要运行的宏名。

③ 在主窗口中，单击"数据库工具"选项卡中的"宏"组的"运行宏"按钮 🖳，在打开的"执行宏"对话框中，选择要运行的宏名。

（2）在另一个宏中运行宏

若要在另一个宏中运行宏，则需要在"宏设计视图"中新建一个宏，添加宏操作"RunMacro"，指定其参数"宏名称"为所要运行的宏，如图 7-14 所示。在该宏中，还可以设置"重复次数"和"重复表达式"参数。在"重复表达式"文本框中输入一个表达式，当该表达式为真时反复执行宏，直到该表达式的值为假或者达到"重复次数"所设定的最大次数。

图 7-14　RunMacro 宏

（3）运行宏组中的宏

选择"数据库工具"选项卡上的"宏"组的"运行宏"命令，再选择或输入要运行的宏组中的宏名。在引用宏名时需要使用"宏组名.宏名"的格式。

（4）通过窗体或报表上的控件触发事件运行宏

通常情况下，直接运行宏只是进行测试。在确保宏的设计无误之后，将宏附加到窗体或报表上的控件中，以对事件做出响应，也可以创建一个运行宏的自定义菜单命令。

例 7-5　在例 5-12 中，我们在"学生"窗体中添加了一个"关闭窗口"按钮，使用宏实现该按钮功能。

（1）首先创建一个"关闭学生窗口"宏。

① 选择"创建"选项卡上的"宏与代码"组中的"宏"按钮，打开"宏设计视图"。

② 添加一个操作"CloseWindow"，对象类型选择为"窗体"，对象名称为"学生"，保存该宏为"关闭学生窗口"，如图 7-15 所示。

图 7-15 "关闭学生窗口"的"宏设计视图"

③ 关闭"关闭学生窗口"的"宏设计视图"。

（2）打开"学生"窗体的"设计视图"，将"关闭窗体"按钮的"单击"事件属性设置为"关闭学生窗口"，如图 7-16 所示。

图 7-16 "关闭窗体"按钮的"属性表"对话框

（3）运行"学生"窗体，并单击"关闭窗体"按钮进行测试，发现成功关闭了该窗体。

例 7-6 建立"学生成绩管理主界面"窗体，在窗体主体区域中添加按钮控件，完成打开"学生信息"窗体及退出 Access 的功能。

具体操作步骤如下。

① 打开"学生成绩管理"数据库，选择"创建"选项卡上的"窗体"组的"窗体设计"按钮，进入窗体编辑窗口，并保存窗体为"学生成绩管理主界面"。

② 在主体区域中添加标签"学生成绩管理系统"作为窗体的标题并对其外观做相应调整。

③ 使用控件向导为该窗体添加两个命令按钮，设置控件的"标题"分别为"学生信息"和"退出"，名称分别设置为"OpenStudent"和"Exit"。

④ 打开"学生信息"按钮的属性表对话框，选择"事件"选项卡，在"单击"项的下拉列表中，选择"打开学生窗体"宏，并设置"退出"按钮的单击事件为"QuitAccess"宏。

⑤ 设置窗体的"记录选择器"、"导航按钮"和"分隔线"属性为"否"并保存，执行结果如图 7-17 所示。运行窗体时，单击命令按钮就可以调用相应的操作。

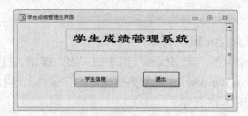

图 7-17 "学生成绩管理主界面"窗体

（5）宏的自动运行

如果想在打开数据库时自动执行某些特定的操作，可以使用 Access 提供的 AutoExec 宏。Access 在打开数据库时自动查找一个名为"AutoExec"的宏，若找到则运行这个宏。

创建 AutoExec 宏的方法与创建其他宏的方法类似，只是保存时需要将宏命名为"AutoExec"。如果在打开数据库时，不想运行 AutoExec 宏，那么在打开数据库时按住 Shift 键即可。

（6）为宏分配组合键

在 Access 中，可以将一个或一组操作指定给某个特定的键或组合键。这样，当按下特定的键或组合键时，Access 即可执行指定的操作。

例 7-7 用 Ctrl+F 组合键代替"打开学生窗体"宏，使得该宏的操作更为简便。

具体操作步骤如下。

（1）打开"学生成绩管理"数据库，选择"创建"选项卡上的"宏与代码"组的"宏"按钮，进入"宏设计视图"窗口。

（2）双击操作目录区"程序流程"下的"SubMacro"命令，在子宏名称文本框中输入"^f"，符号"^"表示 Ctrl 键。在"添加新操作"的下拉列表中，选择"RunMacro"操作。设置该操作的参数"宏名称"为"打开学生窗体"，最后可以添加注释文字，如图 7-18 所示。

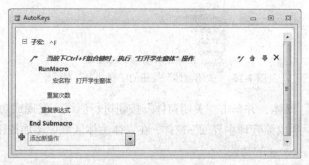

图 7-18 AutoKeys 宏

（3）设计完成后，保存时需要以"AutoKeys"为名称来保存宏组。这样，Access 会保存这些键值。在打开数据库时，这些键值将自动生效。

表 7-1 给出了可以分配给 AutoKeys 宏的组合键。

表 7-1 分配给 AutoKeys 宏的组合键

组合键代码	组合键含义
^A 或^1	Ctrl+字母或数字键
{F1}	任何功能键
^{F1}	Ctrl+任何功能键

续表

组合键代码	组合键含义
+{F1}	Shift+任何功能键
{Insert}	Insert 键
^{Insert}	Ctrl+Insert 键
+{Insert}	Shift+Insert 键
{Del}	Delete 键
^{Del}	Ctrl+Delete 键
+{Del}	Shift+Delete 键

2. 宏的调试

设置好宏之后，要想检验设置的正确性，需要对宏进行调试。Access 中提供了"单步"执行，以便查找宏中的问题。

在"宏设计视图"窗口中，打开要调试的宏，单击"设计"选项卡上的"工具"组的"单步"按钮 ，该按钮即处于选中状态，再单击工具组中的"运行"按钮，弹出如图 7-19 所示的"单步执行宏"对话框。

图 7-19　"单步执行宏"对话框

"单步执行宏"对话框中显示了当前运行宏的名称以及第一项宏操作的相关信息。若要执行宏中的第一个操作，则单击"单步执行"按钮。单击"继续"按钮，会执行宏中的第二个操作。若要停止运行当前宏，则单击"停止所有宏"按钮。若宏中的操作有误，Access 会显示警告信息框，并给出错误的简单提示。用户可根据提示反复修改和调试，直至运行正确。

单步执行宏可以观察每一个宏的运行过程，从中发现各个宏在运行过程中出现的问题，找出问题所在，然后进行修改。

重要提示："单步执行宏"对话框中，如果"错误号"为 0，表示没有错误。

例 7-8　以"打开学生窗体"宏为例，进行调试。

（1）打开"学生成绩管理"数据库，选择"宏"对象，选中"打开学生窗体"宏，鼠标右键选择"设计视图"。单击工具组中的"单步"按钮，使其处于被选中状态。

（2）单击工具栏组中的"运行"按钮，弹出"单步执行宏"对话框，如图 7-19 所示。在该对话框中单击"单步执行"，以执行"打开学生窗体"宏中的第一个操作 OpenForm。

（3）单击"单步执行"按钮，会执行宏中的第二个操作 Maximize。

（4）单击"继续"按钮，会执行宏中的最后一个操作 GoToControl，并关闭"单步执行宏"对话框。如果要在宏的执行过程中暂停宏的运行，可以使用 Ctrl+Break 组合键。

小　结

本章主要介绍了宏的概念、创建方法、编辑方法、运行调试方法以及简单应用等内容。宏是由一个或多个操作构成的，其中，每个操作可以实现一个特定的功能。使用宏非常方便，只需要说明做什么，而不需要说明怎么做。Access 允许从列表中挑选各种操作。当操作选定后，Access 还会给出一个相关的操作变量列表供用户选择。因此，不必记住每条命令，使用起来相当简便。

Access 2010 提供了大量的宏操作命令。这些命令可以对数据、数据库对象进行操作，可以执行一些简单的命令，还可以进行数据的导入/导出操作以及其他类型的操作。用户通过在窗体、查询等对象中灵活使用这些宏操作，可以节约大量的时间和精力。这些基本的操作还可以组成"宏组"操作。通过使用宏组，可以方便地对数据库中的宏进行管理。

习　题　7

一、单项选择题

1. 宏是由一个或多个（　　）构成的集合命令。

　　A. 操作　　　　　　　B. 对象　　　　　C. 条件表达式　　　　D. 命令

2. 如果一个宏包含多个操作，在运行宏时将按（　　）顺序来运行这些操作。

　　A. 从上到下　　　　　B. 从下到上　　　C. 从左到右　　　　　D. 从右到左

3. 能够执行宏操作的是（　　）。

　　A. 创建宏　　　　　　B. 编辑宏　　　　C. 运行宏　　　　　　D. 创建宏组

4. 用于显示消息框的宏命令是（　　）。

　　A. Beep　　　　　　　B. MessageBox　　C. OpenQuery　　　　D. GoToPage

5. 下列关于宏操作的叙述，错误的是（　　）。

　　A. 可以使用宏组来管理相关的一系列宏

　　B. 使用宏可以启动其他应用程序

　　C. 所有的宏操作都可转化为相应的模块代码

　　D. 宏的关系表达式中不能应用窗体和报表的控件值

6. 创建宏至少要定义一个"操作"，并设置相应的（　　）。

　　A. 宏操作参数　　　　B. 条件　　　　　C. 命令按钮　　　　　D. 备注信息

7. 若想取消宏的自动运行，打开数据库时就应该按住（　　）键。

　　A. Alt　　　　　　　　B. Shift　　　　　C. Ctrl　　　　　　　D. Enter

8. 宏组中的宏按（　　）调用。

　　A. 宏名. 宏　　　　　　　　　　　　　　B. 宏. 宏组名

　　C. 宏名. 宏组名　　　　　　　　　　　　D. 宏组名. 宏名

9. 下列操作中，不是通过宏来实现的是（　　）。

　　A. 打开和关闭窗体　　　　　　　　　　　B. 显示和隐藏工具栏

    C. 对错误进行处理　　　　　　　　　　D. 运行报表

10. 若在宏表达式中，引用窗体 Form1 上控件 Txt1 的值，可以使用的引用式是（　　）。

    A. Txt1　　　　　　　　　　　　　　　B. Form!Txt1

    C. Forms!Txt1　　　　　　　　　　　　D. Forms!Form1!Txt1

二、填空题

1. 通过宏打开某个数据表的宏命令是_____。

2. 通过宏查找下一条记录的宏操作是_____。

3. 在带条件的宏操作中，根据_____的值决定宏操作块是否执行。

4. 设置计算机发出嘟嘟声的宏操作是_____。

5. 如果要放大活动窗口，使其充满 Access 窗口，让用户尽可能多地看到活动窗口中的对象，应采用的宏操作是_____；相反，如果想让活动窗口缩小为 Access 窗口底部的小标题栏，应采用的宏操作是_____。

6. 向宏添加操作可以通过_____栏和操作目录完成。

7. 移动至其他记录，并使它成为指定表、查询或窗体中的当前记录的宏操作是_____。

8. 在 Access 中，宏可以分为_____、_____和_____三类。

9. 被命名为_____保存的宏，在打开该数据库时会自动运行。

10. QuitAccess 命令用于_____。

三、简答题

1. 什么是宏？宏有什么作用？

2. 有几种类型的宏？宏有哪几种运行方式？

3. 简述创建宏的基本步骤。

4. 如何运行宏组？

第8章
数据库的安全管理

数据库的一大特点是数据可以共享，但数据共享必然带来数据库的安全性问题。数据库中通常存储了大量的数据，这些数据可能包括个人信息、客户清单或其他机密材料。有时，系统或人为操作不当等原因会造成数据丢失，也会出现未经授权的用户非法侵入数据库并查看或修改数据的情况。这将会造成极大的危害。特别是在金融、高科技等系统中，安全性更为重要。因此，必须提供有效的方法来实现数据库的安全管理。

本章介绍 Access 2010 实现数据库安全管理的各种方法，包括数据库的备份、数据库的压缩与修复、设置数据库密码、用户级安全机制以及账户管理与权限管理等。

8.1　数据备份

数据库里面重要的数据，一旦不慎丢失，会造成不可估量的损失，因此，应当采取先进、有效的措施对数据进行备份，防患于未然。在 Access 中，数据备份主要是指数据库文件及其对象的备份。

8.1.1　数据丢失的主要原因

造成数据丢失的原因非常多，常见的主要有以下几种。

1. 计算机硬件故障

硬件失效是丢失数据的最大的原因之一，也是最严重的问题，包括磁盘损坏、瞬时强磁场干扰、失窃等。

2. 软件故障

软件故障是指操作系统或应用软件的错误。随着操作系统和应用程序的代码量的成倍增加，bug 也不断增加。操作系统和应用软件的错误，往往会给人们的工作带来一些不可估量的影响。软件设计上的失误或用户使用的不当，可能会误操作数据，引起数据的破坏。

3. 黑客入侵与病毒感染

如今的黑客能在装有防火墙的网络中进出自如，病毒可以在几个小时之内遍布全球。这些因素造成数据灾难所占的比例是最高的，时刻都在威胁着用户数据的安全，是人们无法预料的事情。

另外，用户的数据保护意识不高，软件系统的升级带来的兼容性和稳定性等问题，还有重要数据可能会遭窃等原因，都会造成数据的丢失。

8.1.2　数据库备份

为了防止数据的丢失，数据库备份是最有效的手段之一。良好的备份策略能降低数据丢失的可能性。备份策略就好像一份数据保险单，能够让系统返回问题发生以前的状态。

数据库备份提高了系统的高可用性和灾难可恢复性。使用数据库备份还原数据库是数据库系统崩溃时提供数据恢复最小代价的最优方案。

例 8-1　使用 Access 2010 提供的备份功能来备份"学生成绩管理"数据库。

具体操作步骤如下。

（1）打开"学生成绩管理"数据库。

（2）选择"文件"→"数据库另存为"命令，弹出"另存为"对话框，如图 8-1 所示。也可以选择"文件"→"保存并发布"→"数据库另存为"命令，选择备份的数据库文件类型为默认 Access 数据库，双击"数据库另存为"或者直接单击右下方的"另存为"图标，弹出"另存为"对话框，如图 8-1 所示。或者选择"文件"→"保存并发布"→"数据库另存为"→"备份数据库"，双击"备份数据库"，弹出"另存为"对话框。系统默认在原文件名后加上日期作为备份文件名，可用于还原数据库时参考，如图 8-1 所示。

图 8-1　"另存为"对话框

（3）在"另存为"对话框选中，选择要保存数据库文件的位置并输入文件名，单击"保存"按钮，即可完成数据库文件的备份。

可以根据需要更改文件名。采用"备份数据库"命令备份数据库时，默认名称既捕获了原始数据库文件的名称，也捕获了执行备份的日期。在从备份还原数据或对象时，需要知道备份的原始数据库以及备份时间。因此，一般建议使用默认文件名。

例 8-2　将"学生成绩管理"数据库中的基本表"学生"备份。

具体操作步骤如下。

（1）打开"学生成绩管理"数据库。

（2）在"表"对象中选取"学生"。

（3）选择"文件"→"对象另存为"命令，打开"另存为"对话框。在"另存为"对话框中，可以指定文件名和保存类型。系统会在当前数据库出现一个"学生"的副本。

8.1.3 数据库的压缩与修复

通过网络共享的数据库文件有时可能会损坏。这时，设计通常会被影响，而不是数据。但是，如果确实丢失了数据，它通常限于某个用户的最后一次操作。当数据库文件被损坏时，可以使用"压缩和修复"功能修复文件。压缩过程并不压缩数据，而是通过消除未使用的空间来缩小数据库文件。"压缩和修复数据库"命令还可以帮助提高数据库的性能。

 在运行压缩和修复过程之前，请确保数据库文件未使用。

可以将"压缩和修复"过程设置为每次关闭数据库时自动运行。在多用户数据库中，不建议设置此选项，因为它会暂时中断数据库的可用性。此过程仅影响当前打开的数据库。

例 8-3 设置在数据库关闭时自动执行压缩和修复。

具体操作步骤如下。

（1）选择"文件"→"选项"命令，弹出"Access 选项"对话框。

（2）在"Access 选项"对话框中，在左侧窗格中单击"当前数据库"选项，然后在右侧窗格的"应用程序选项"区域，选中"关闭时压缩"复选框，完成设置。

例 8-4 手动压缩和修复打开的数据库。

具体操作步骤如下。

选择"文件"→"信息"→"压缩和修复数据库"，如图 8-2 所示，系统自动进行数据库的压缩与修复。

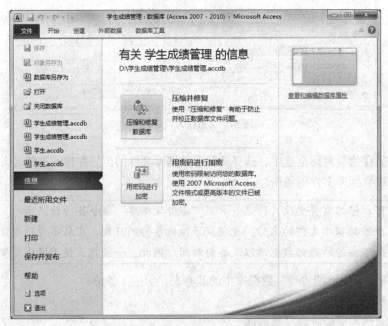

图 8-2 "压缩和修复数据库"对话框

8.2　设置数据库密码

Access 中的加密工具合并了两个旧工具（编码和数据库密码），并加以改进。使用数据库密码来加密数据库时，所有其他工具都无法读取数据，并强制用户必须输入密码才能使用数据库。在 Access 2010 中所使用的加密算法比早期版本的 Access 的加密算法更强。

如果在早期版本中使用了数据库密码来加密数据库，则可能需要切换到新的加密技术。这有助于提供更高的安全性。若要切换到新的加密技术，请删除当前的数据库密码，然后重新添加此密码。

必须要用独占方式打开数据库，才能设置或撤销数据库密码。

例 8-5　为"学生成绩管理"数据库设置密码。

具体操作步骤如下。

（1）以独占方式打开"学生成绩管理"数据库。

（2）选择"文件"→"信息"→"用密码进行加密"命令，弹出"设置数据库密码"对话框，如图 8-3 所示。

图 8-3　"设置数据库密码"对话框

（3）在"设置数据库密码"对话框中，在"密码"文本框中输入要设置的数据库密码，在"验证"文本框中再次输入密码进行确认。

建议使用强密码（由大写及小写字母、数字和符号混合组成的符号串）。不混合使用这些元素的符号串是弱密码。如"A20cc!ess10"为强密码，"Access2010"为弱密码。密码应至少包含 8 个字符。最好使用包含 14 个或更多字符的密码。

记住密码是非常重要的。如果忘记了密码，Microsoft 系统无法找回。

（4）单击"确定"按钮，完成密码设置。

当再次打开这个数据库的时候，就会在屏幕上出现一个对话框，要求输入这个数据库的密码，如图 8-4 所示。只有输入正确的密码，才能打开这个数据库。

图 8-4 "要求输入密码"对话框

撤销密码的操作和设置密码的操作类似。

例 8-6 撤销"学生成绩管理"数据库的密码。

具体操作步骤如下。

（1）以独占方式打开设置了密码的"学生成绩管理"数据库。

（2）选择"文件"→"信息"→"解密数据库"命令，在弹出的"撤销数据库密码"对话框中输入正确的密码，如图 8-5 所示。单击"确定"按钮，就可以将这个数据库的密码撤销了。

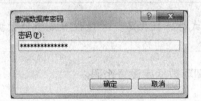

图 8-5 "撤销数据库密码"对话框

8.3 用户级安全机制

一个 Access 数据库往往有若干用户同时使用。数据库中的有些对象希望所有用户共享，有些对象希望只能供某个用户或某些用户使用。这时，可以根据不同的用户设置不同的访问密码和权限，并可以规定哪些用户可以访问数据库中的哪些对象，可以进行哪些操作。这就是用户级安全机制。

打开在早期版本的 Access 中创建的数据库时，任何应用于该数据库的安全功能仍然有效。例如，如果已将用户级安全机制应用于数据库，则该功能在 Access 2010 中仍然有效。

默认情况下，Access 在禁用模式下打开所有低版本的不受信任数据库，并使它们保持该状态。可以选择在每次打开低版本数据库时启用任何禁用内容，也可以将数据库放在受信任的位置。

此部分中的步骤不适用于使用任何一种新文件格式的数据库。

8.3.1 用户级安全机制的概念

Access 的用户级安全机制通过使用账户和权限，规定个人、组对数据库中对象的访问权限。安全账户对个人和组访问数据库中的对象进行了设置。

1. 用户与用户账户

用户有两种，即普通用户和管理员用户。普通用户对数据库的操作权限由管理员来授予。管理员用户是数据库的创建者，是对数据库拥有最大权限的用户。管理员的权限包括"所有权"、"管理"、"修改"和"读取"等权限。每个用户用一个用户名或用户标识号来标明用户身份，即用户名，每个用户有自己的密码。用户账户是指数据库为个人提供的特定的权限，以便访问数据库中的信息资源。在建立数据库时，Access 将管理员账户默认为 Administrator。

2. 工作组与工作组信息文件

使用数据库的用户可能会有很多，有一些用户权限相同。这时，我们可以把权限相同的用户分组，然后直接给组授权，而无须为每一位用户分别授权。这样可以极大地提高权限管理的效率。

工作组是指在多用户环境下的一组用户。工作组又分为用户组和管理员组。默认情况下，"管理员"用户位于"管理员"组中。在任何时刻，"管理员"组中都必须至少要有一个用户。用户组是包含所有用户账户的组账户。当"管理员"组的成员创建用户账户时，Microsoft Access 会自动将用户账户添加到"用户"组中。同一组成员共享数据和同一个工作组的信息文件。

工作组信息文件存储了有关工作组成员的信息。该信息包括用户的用户名、用户账户及所属的组。在打开数据库时，Access 读取工作组信息文件，以确定允许哪些用户访问数据库中的对象以及他们对这些对象的权限。Access 是依赖工作组信息文件来实行用户级安全措施的。在首次安装 Access 时，系统会自动生成一个默认的工作组信息文件。

3. 权限与权限管理

权限是指用户对数据库对象的操作权力。权限可以是一组属性，用于指定账户对数据库中的数据或对象所拥有的访问权限类型。权限管理主要是管理员组成员用来给不同用户分配权限用的。

有两种类型的权限，分别为显式的和隐式的。显式的权限是指直接授予某一用户账户的权限。隐式的权限是指授予组账户的权限。将用户添加到组中也就同时授予了用户的组权限，而将用户从组中删除则取消用户的组权限。

4. 用户级安全机制在 Access 2010 中的工作原理

Access 2010 仅为使用 Access 2003 和早期文件格式的数据库（.mdb 和.mde 文件）提供用户级安全机制。在 Access 2010 中，如果打开一个在较低版本的 Access 中创建的数据库，并且该数据库应用了用户级安全机制，那么该安全功能对该数据库仍然有效。例如，用户必须输入密码才能使用该数据库。

另外，还可以启动和运行 Access 2003 和更低版本的 Access 提供的各种安全工具，例如"用户级安全机制向导"和各种用户及组权限对话框。请注意，在操作过程中只有打开.mdb 或.mde 文件时，这些工具才可用。如果将文件转换为 Access 2010 文件格式，那么 Access 会删除所有现有的用户级安全功能。

8.3.2 利用向导设置用户级安全机制

Access 提供了一个"设置安全机制向导"。利用该向导可以方便地建立新的账户和组，并为其分配权限。如果数据库有密码，在使用"设置安全机制向导"之前，应该先撤销密码。

下面介绍了如何启动和运行"用户级安全机制向导"。请注意，这些步骤只适用于具有 Access 2003 文件格式或早期文件格式并在 Access 2010 中打开的数据库。

例 8-7 利用向导为"学生成绩管理"数据库设置用户级安全机制。

具体操作步骤如下。

（1）打开"学生成绩管理.mdb"数据库。

（2）选择"文件"→"信息"→"用户和权限"命令，在下拉菜单中选择"用户级安全机制向导"，弹出"设置安全机制向导"对话框，如图 8-6 所示。

（3）选中"新建工作组信息文件"（初次建立，只能选中该项。若建立好后需修改，可以选中"修改当前工作组信息文件"选项），单击"下一步"按钮，弹出如图 8-7 所示的界面。在其中填写相关信息，包括工作组信息文件名、WID（工作组 ID，WID 是唯一的由 4 到 20 个字母数字组成的字符串，随机产生，一般不需要修改）、姓名、公司。其中，"姓名"和"公司"为可选项。选中"创建快捷方式，打开设置了增强安全机制的数据库"单选按钮。

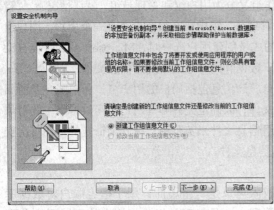
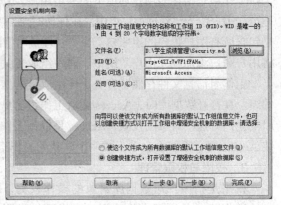

图 8-6 "设置安全机制向导"对话框（一）　　　图 8-7 "设置安全机制向导"对话框（二）

（4）选择对哪些对象来设置安全机制，默认对数据库的所有对象来设置安全机制，如图 8-8 所示。

（5）单击"下一步"按钮，弹出如图 8-9 所示的界面。在其中可以指定加入组中用户的特定权限。除了内在的"管理员组"和"用户组"外，如果有必要，也可选择预设了权限的 7 个安全组账户，它们分别定义了将加入组中用户的特定权限。此处选择了"只读用户组"（如教师和学生都只有查看的权限，无权改变原有数据）。

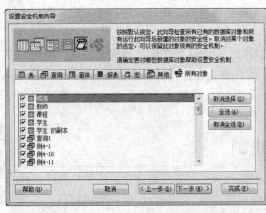

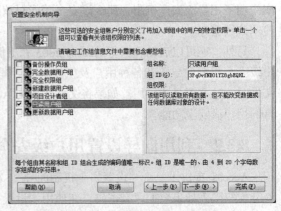

图 8-8 "设置安全机制向导"对话框（三）　　　图 8-9 "设置安全机制向导"对话框（四）

（6）单击"下一步"按钮，弹出如图 8-10 所示的给用户组分配权限的操作界面。默认不给"用户组"任何权限，否则"管理员"作为任何数据库不可删除的"用户组"成员，可以从任一数据库登录，通过"导入"获取所希望保密的对象。

（7）单击"下一步"按钮，弹出如图 8-11 所示的界面。至少定义一个准备接收"管理员"全部权限的第一管理员，只有第一管理员才拥有数据库的"所有权"。现在添加"master"，密码"master"，单击"将该用户添加到列表"按钮。

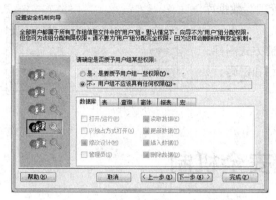

图 8-10　"设置安全机制向导"对话框（五）

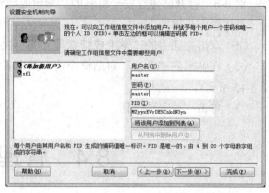

图 8-11　"设置安全机制向导"对话框（六）

（8）单击"下一步"按钮，弹出如图 8-12 所示的界面，选中"选择用户并将用户赋给组"单选按钮，在"组或用户名称"下拉列表框中选择"master"用户，在复选框中指定用户所属的组，在此选中"管理员组"。

（9）单击"下一步"按钮，弹出如图 8-13 所示的界面，系统为数据库建立一个无安全机制的数据库备份副本，副本的文件名可以使用系统默认的数据库名。

图 8-12　"设置安全机制向导"对话框（七）

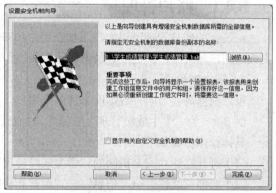

图 8-13　"设置安全机制向导"对话框（八）

（10）单击"完成"按钮，安全机制向导运行结束后将产生一个报表文件，并会在预览视图中打开该报表。该报表显示了利用安全机制向导创建的用户级安全机制的基本信息，并在 Windows 桌面上生成一个名称为"学生成绩管理.mdb"的快捷方式图标。

（11）关闭报表，在如图 8-14 所示的对话框中单击"是"按钮。至此，利用"设置安全机制向导"设置用户级安全机制的工作就全部完成。

图 8-14　"设置安全机制向导"对话框（九）

8.3.3　打开已建立安全机制的数据库

数据库的安全机制建立后，这个数据库就只能以特定方式打开。

例8-8　打开已建立安全机制的"学生成绩管理"数据库。

具体操作步骤如下。

（1）双击桌面上的"学生成绩管理.mdb"快捷方式图标。

（2）在弹出的"登录"对话框中输入用户名称和密码，如
图8-15所示。

（3）单击"确定"按钮。

图8-15　"登录"对话框

8.4　管理安全机制

Access提供了管理安全机制的一些方法，用户可以通过"账户管理"建立新账户，并把账户添加到不同的工作组中，还可以通过"权限管理"为不同账户分配不同的权限，或者给不同的工作组分配不同的权限，从而使工作组中的账户拥有该组的权限。

账户管理和权限管理的使用者主要是管理员组成员。要完成以下过程，必须作为管理员组的成员登录。这些步骤同样只适用于具有Access 2003文件格式或早期文件格式并在Access 2010中打开的数据库。

8.4.1　账户管理

Access的账户管理可以实现添加新用户和新的组账户，把用户添加到指定的组账户中，删除失效的用户和组账户，更改登录密码等多种操作，下面分别进行介绍。

1. 添加新用户

可以根据需要为同一数据库添加多个用户。

例8-9　为"学生成绩管理"数据库添加新用户"刘聪"。

具体操作步骤如下。

（1）打开已建立安全机制的"学生成绩管理"数据库。

（2）选择"文件"→"信息"→"用户和权限"命令，在下拉菜单中选择"用户与组账户"。
弹出如图8-16所示的对话框。

图8-16　"用户与组账户"对话框

（3）选择"用户"选项卡，单击"新建"按钮。

（4）在弹出的"新建用户/组"对话框中，键入新账户的名称"刘聪"和个人 ID"基础教研室"，再单击"确定"按钮创建新账户，如图 8-17 所示，新账户会自动添加到用户账户。

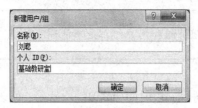

图 8-17　"新建用户/组"对话框

2．添加新的组账户

作为数据库安全的一部分，可以在 Microsoft Access 工作组中创建组账户，用于向多个用户分配公共的权限集。

例 8-10　为"学生成绩管理"数据库添加新的组账户"基础教研室"。

具体操作步骤如下。

（1）打开已建立安全机制的"学生成绩管理"数据库。

（2）选择"文件"→"信息"→"用户和权限"命令，在下拉菜单中选择"用户与组账户"。弹出如图 8-16 所示的对话框。

（3）选择"组"选项卡，单击"新建"按钮。

（4)在弹出的"新建用户/组"对话框中,键入新组账户的名称"基础教研室"和个人 ID"jcjys"，单击"确定"就创建了新的组账户。

3．向组账户中添加用户

如果将用户添加到组，再将权限分配给组而不是单个用户，则管理安全性会更加容易。

例 8-11　添加用户"刘聪"到"基础教研室"组账户中。

具体操作步骤如下。

（1）打开已建立安全机制的"学生成绩管理"数据库。

（2）选择"文件"→"信息"→"用户和权限"命令，在下拉菜单中选择"用户与组账户"。弹出如图 8-16 所示的对话框。

（3）在"用户"选项卡上，从"名称"框下拉菜单中选择要添加到组中的用户"刘聪"。

（4）在"可用的组"框中选择用户要加入的组"基础教研室"，然后单击"添加"按钮。所选择的组将显示在"隶属于"列表中，如图 8-18 所示。

图 8-18　添加用户到组账户

4. 删除用户账户或组账户

删除用户账户或组账户，只需要在相应的名称框下拉菜单中选择相应的用户或组，然后单击"删除"命令。

 管理员账户、管理员组和用户组都是不能删除的。

5. 更改登录密码

为了安全原因，用户可能每隔一段时间会修改一次密码。修改密码的操作步骤如下。

（1）打开数据库。

（2）选择"文件"→"信息"→"用户和权限"命令，在下拉菜单中选择"用户与组账户"。

（3）在"更改登录密码"选项卡（如图 8-19 所示）中，"旧密码"文本框中输入旧密码，"新密码"和"验证"文本框中输入新密码，单击"确定"按钮即可完成密码修改操作。

图 8-19　更改登录密码

8.4.2　权限管理

要使数据库的使用者拥有不同的权限，即有的人可以修改数据库中的内容，而有的人只能查看数据库的内容而不能修改，就需要为不同的用户或用户组设置权限。可以添加或删除对某个现有数据库及其对象的权限，也可设置创建新对象时所使用的权限。

例如，为了保护"学生成绩管理"数据库，可以为各系的学生建立对应的"学生"组，为不同教研室的教师建立对应的"教研室"组。分别给"学生"组和"教研室"组授予不同的权限。当为学生和教师创建用户账户时，可将这些账户添加到对应的组中，以使他们拥有与该组相关的权限。

例 8-12　为"基础教研室"组设置对课程表的"读取数据"的权限。

具体操作步骤如下。

（1）打开已建立安全机制的"学生成绩管理"数据库。

（2）选择"文件"→"信息"→"用户和权限"命令，在下拉菜单中选择"用户与组权限"。弹出"用户与组权限"对话框，如图 8-20 所示。

（3）在"权限"选项卡上，选中"组"单选按钮，然后在"用户名/组名"列表框中，单击要赋予权限的组"基础教研室"，在"对象类型"下拉列表框中选择"表"，然后在"对象名称"

列表框中单击要为其指定权限的对象名称"课程"，最后在"权限"列表中选择相应的权限"读取数据"，如图 8-21 所示。

图 8-20　"用户与组权限"对话框

图 8-21　"设置组权限"对话框

小　结

　　本章介绍了造成数据丢失的主要原因、数据库备份的重要性、数据库的压缩与修复、设置数据库密码的方法，重点介绍了"用户级安全机制"，尤其是管理安全机制中实现账户管理和权限管理的方法。越来越多的数据库被应用在网络之中，因此，建立一个安全的数据库环境对数据库的正常运行来说非常重要。

习　题　8

一、填空题

1. 造成数据丢失的常见原因主要有_____、_____和_____3 种。
2. 使用_____来还原数据库是数据库系统崩溃时提供数据恢复最小代价的最优方案。
3. 数据库备份主要是指_____及_____的备份。
4. 当数据库文件被损坏时，可以使用_____过程部分修复文件。

二、简答题

1. 简述造成数据丢失的主要原因。
2. 数据库备份的重要性主要体现在哪些方面？
3. 何为用户级安全机制？

第9章
实例开发——图书管理系统

前面的章节中分别介绍了 Access 数据库管理系统的具体功能和相近的应用方法，并且在各章节列举了大量的实例，使用户对 Access 数据库有了一个比较全面的了解，但内容仍比较零散且不够系统。本章将利用前面所学的全部知识，以"图书管理系统"为例，设计和开发一个功能比较完整的数据库系统，使用户进一步学习使用 Access 实现应用系统的方法。

9.1 系统分析和设计

图书馆作为一种信息资源的集散地，图书和读者借阅资料繁多，其管理包含很多的数据信息的管理。图书馆在正常运营中总是面对大量的读者信息、书籍信息以及两者相互作用产生的借书信息、还书信息。图书馆需要对读者资源、书籍资源、借书信息、还书信息进行有效的管理，并及时变更各个环节的信息，以进一步提高管理效率。

9.1.1 系统功能分析

"图书管理系统"主要实现对图书馆工作的信息化管理。该系统不仅实现了对图书和读者（借阅者）的基本信息的查看、修改、增加和删除等功能，还对读者的借阅信息进行了登记、保存，同时实现了对图书的借阅管理，很大程度上实现了图书馆图书借阅工作的信息化管理。另外，该系统还实现了管理员信息的查看、修改、增加和删除以及用报表的形式对图书资料进行管理的功能。

根据图书馆借阅场景中为方便图书管理人员工作的需求，"图书管理系统"可以分为对图书的管理、对读者的管理、对借阅过程的管理和对管理员的管理等几方面。简单的"图书管理系统"主要包括下面的功能。

（1）读者管理：对读者的信息进行管理。

（2）图书管理：对图书的信息进行管理。

（3）管理员管理：对管理员的信息进行管理。

（4）借书处理：完成读者借书这一业务流程。

（5）还书处理：完成读者还书这一业务流程。

9.1.2 系统模块设计

以实现上述需求为目标，经过全面分析，可以初步将整个"图书管理系统"划分为"管理员信息管理"图书信息管理""读者信息管理""图书借阅管理"和"图书归还管理"等 5 个子模块。"图书管理系统"通过分别实现各个子模块的功能来实现整个系统的整体功能。各模块功能如下。

（1）管理员信息管理模块：查看、修改、增加和删除管理员信息。

（2）图书信息管理模块：查看、修改、增加和删除图书信息。

（3）读者信息管理模块：查看、修改、增加和删除读者信息。

（4）图书借阅管理模块：首先输入读者的借阅证编号，验证读者的信息，然后输入图书的编号，查找要借阅图书的相关信息，检查在库数量，在有库存的情况下办理借书。

（5）图书归还管理模块：首先输入读者的借阅证编号，验证读者的信息，然后输入图书的编号，查找要归还图书的相关信息，检查还书日期，在未超期的情况下办理还书。

（6）用户登录模块：主要完成用户身份确认，并登录到图书管理系统。该模块要保证只能让合法的用户使用此系统，非法用户不能进入，实现系统的安全性。

（7）图书报表显示模块：用报表方式显示图书主要信息。

9.2　数据库设计

9.2.1　数据库需求分析

要实现"图书管理系统" 5 个子模块的各个功能，首先将要记录信息分类。这里要记录的信息包括以下几方面。

（1）管理员信息：此系统涉及不同级别的用户，不同的登录用户所具有的权限不同，因此需要记录每个用户的姓名、密码和权限信息。

（2）读者信息：包括借阅证编号、读者级别、读者姓名、读者性别、单位名称、联系电话、借出册数、办证日期、有效日期等内容。

（3）读者级别：包括读者级别和限借册数。

（4）图书信息：包括图书编号、图书分类号、图书类别、书名、作者、出版社、出版日期、价格、存放位置、入库时间、库存总量、在库数量、借出数量等内容。

（5）图书类别：包括图书类别和限借天数。

（6）图书借阅信息：包括借阅编号、图书编号、借阅证编号、借阅日期、还书日期等内容。

9.2.2　建立表

通过对图书管理内容和数据的分析，首先需要创建名为"图书管理系统"的数据库。该数据库中主要包含的数据表有"管理员表""读者表""读者级别表""图书表""图书类别表"和"图书借阅表" 6 个表。"图书管理系统"的各个数据库表结构设计如表 9-1～表 9-6 所示。

表 9-1　"管理员表"结构

字段名	数据类型	字段大小	格式	主键	必填字段
姓名	文本	10		是	是
密码	文本	15			是
权限	数字	整型			是

表 9-2 "读者级别表"结构

字段名	数据类型	字段大小	格式	主键	必填字段
读者级别	文本	8		是	是
限借册数	数字	整型			是

表 9-3 "读者表"结构

字段名	数据类型	字段大小	格式	主键	必填字段
借阅证编号	文本	12		是	是
读者级别	文本	8			是
读者姓名	文本	8			是
读者性别	文本	2			是
单位名称	文本	50			否
联系电话	文本	15			否
借出册数	数字	整型			否
办证日期	日期/时间		短日期		是
有效日期	日期/时间		短日期		否
照片	OLE 对象				否
备注	备注				否

表 9-4 "图书表"结构

字段名	数据类型	字段大小	格式	主键	必填字段
图书编号	文本	7		是	是
图书分类号	文本	30			是
图书类别	文本	30			是
书名	文本	50			是
作者	文本	50			是
出版社	文本	30			是
出版日期	日期/时间		短日期		是
价格	数字	双精度型	货币		是
存放位置	文本	50			是
入库时间	日期/时间		短日期		是
库存总量	数字	整型			是
在库数量	数字	整型			是
借出数量	数字	整型			是
备注	备注				否

表 9-5　"图书借阅表"结构

字段名	数据类型	字段大小	格式	主键	必填字段	默认值
借阅编号	自动编号	长整型		是		
图书编号	文本	7			是	
借阅证编号	文本	12			是	
借阅日期	日期/时间		短日期		是	当前日期
还书日期	日期/时间		短日期		否	
备注	备注				否	

表 9-6　"图书类别表"结构

字段名	数据类型	字段大小	格式	主键	必填字段
图书类别	文本	30		是	是
限借天数	数字	整型			是

在数据库逻辑结构设计完成之后，便可以用 Access 来创建数据库。一般先创建数据库，再创建数据表，最后建立表间关系。

1. 创建数据库

根据实际问题的需要，使用创建空数据库的方法创建一个"图书管理系统"数据库，具体操作步骤如下。

（1）首先启动 Microsoft Access 2010。

（2）选择"文件"选项卡上的"新建"命令，打开"可用模板"标签页，如图 9-1 所示。

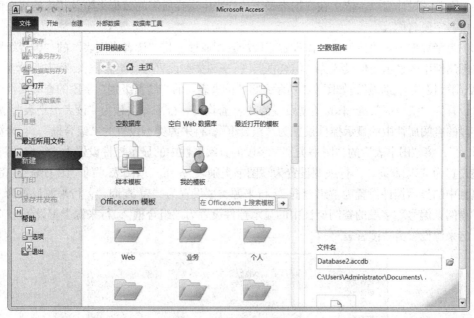

图 9-1　"新建文件"任务窗格

（3）选择"空数据库"，在右侧单击文件夹图标，弹出"文件新建数据库"对话框，如图 9-2 所示。

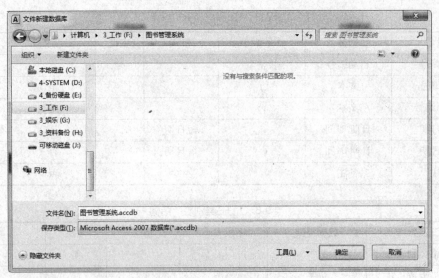

图 9-2 "文件新建数据库"对话框

（4）在"文件新建数据库"对话框中，选择要保存数据库文件的位置，在文件名中输入"图书管理系统"，单击"确定"，创建名为"图书管理系统.accdb"的数据库。

2. 创建表

根据"图书管理系统"的各个数据库表结构设计，分别创建"管理员表""读者表""读者级别表""图书表""图书类别表"和"图书借阅表"，具体操作步骤如下。

（1）打开"图书管理系统"数据库。

（2）单击"创建"选项卡上的"表格"组中的"表设计"按钮，打开表设计器。

（3）在表的设计窗口，依次在数据类型下拉列表中选择所需的数据类型及相应的属性值，并输入表中各字段名称。

（4）为了数据录入快捷方便，需设置字段的查阅属性：将"读者级别表"的"读者级别"字段的查阅属性中的显示控件设置为"组合框"，行来源类型设置为"组合框"，行来源设置为"学生;教授;副教授;讲师;助教"，如图 9-3 所示；将"读者表"的"读者级别"字段的查阅属性中的显示控件设置为"组合框"，行来源类型设置为"表/查询"，行来源设置为"读者级别表"，将"性别"字段的查阅属性中的显示控件设置为"组合框"，行来源类型设置为"组合框"，行来源设置为"男;女"；将"图书表"的"图书类别"字段的查阅属性中的显示控件设置为"组合框"，行来源类型设置为"表/查询"，行来源设置为"图书类别表"；将"借阅表"的"图书编号"字段的查阅属性中的显示控件设置为"组合框"，行来源类型设置为"表/查询"，行来源设置为"图书表"，"借阅证编号"字段的查阅属性中的显示控件设置为"组合框"，行来源类型设置为"表/查询"，行来源设置为"读者表"。

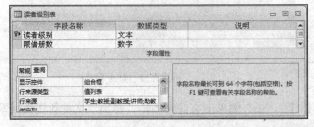

图 9-3 "读者级别表"的"读者级别"字段的查阅属性设置

创建好数据表后，向表中添加记录。表中数据如图 9-4～图 9-9 所示。

图 9-4　管理员表

图 9-5　读者级别表

图 9-6　读者表

图 9-7　图书表

图 9-8　图书借阅表

图 9-9　图书类别表

9.2.3　创建表间关系

除"管理员表"外，其余 5 个表之间存在着一定的关联关系。现将数据库中的各数据表关联起来，具体操作步骤如下。

（1）打开"图书管理系统"数据库。

（2）单击"数据库工具"选项卡上的"关系"组中的"关系"按钮，打开"关系"窗口，并弹出"显示表"对话框，如图 9-10 所示。

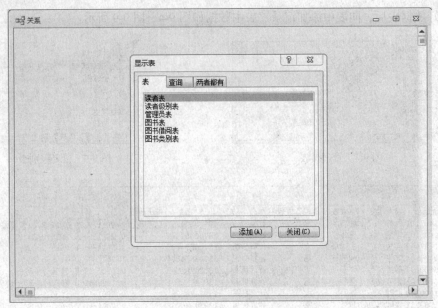

图 9-10　"关系"窗口和"显示表"对话框

（3）"显示表"对话框中列出了当前数据库中所有的表，在"表"选项卡上选择除"管理员表"之外的所有表，单击"添加"按钮可将选择的表添加到窗口中，然后单击"关闭"按钮可关闭"显示表"对话框。

（4）选择的表显示在"关系"窗口。利用公共字段建立表之间的关系，具体步骤如下。

① 通过"借阅证编号"字段，建立"读者表"和"图书借阅表"之间的一对多关系，其中"读者表"是关系"一"的一方。

② 通过"图书编号"字段，建立"图书表"和"图书借阅表"之间的一对多关系，其中，"图书表"是关系"一"的一方。

③ 通过"读者级别"字段，建立"读者级别表"和"读者表"之间的一对多关系，其中，"读者级别表"是关系"一"的一方。

④ 通过"图书类别"字段，建立"图书类别表"和"图书表"之间的一对多关系，其中，"图书类别表"是关系"一"的一方。

（5）结果如图 9-11 所示。

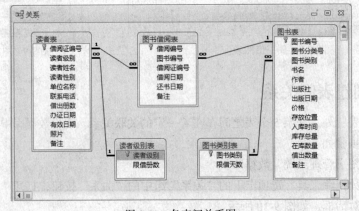

图 9-11　各表间关系图

9.3 各功能模块设计

下面详细介绍各功能模块的设计。

9.3.1 读者信息管理模块设计

读者信息管理模块用来完成对读者信息的浏览、添加、修改、删除操作。为了实现相应功能，我们需创建"读者信息管理"窗体，具体操作步骤如下。

（1）单击"创建"选项卡上的"窗体"组中的"窗体向导"按钮，打开窗体向导设计界面。在"表/查询"栏中选择"表：读者表"项，并将其中用到的字段全部添加到"选定的字段"中。

（2）单击"下一步"按钮，在打开的窗口中选择窗体布局为"两端对齐"。

（3）确定窗体的标题。这里指定标题为"读者信息管理"。在"读者信息管理"窗体的"设计视图"中对窗体的大小、各个标签、字段的位置和顺序进行调整。

（4）添加8个命令按钮，分别为"转至第一项记录""转至下一项记录""转至前一项记录""转至最后一项记录""添加新记录""保存记录""删除记录""返回"到窗体页脚节，如图 9-12 所示，其中，前4个按钮显示图片，后4个按钮显示文字。"返回"按钮实现关闭窗口的功能。按钮的添加以"转至下一条记录"命令按钮为例来讲解相关操作步骤。

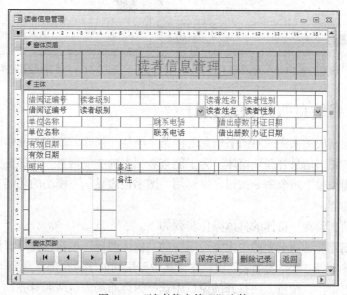

图 9-12 "读者信息管理"窗体

① 单击"设计"选项卡上的 "控件"组中的"按钮"按钮，然后将光标移至"窗体设计视图"界面中要添加该命令按钮的地方，单击鼠标左键进行命令按钮的添加。

② 在弹出的"命令按钮向导"窗口中选择该按钮所要执行的命令或其该具备的功能，如图 9-13 所示。

③ 选择按钮的显示类型为"图片"，如图 9-14 所示。

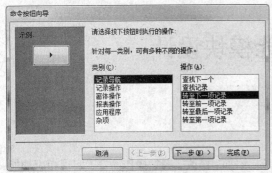

图 9-13 "命令按钮向导"对话框（一）

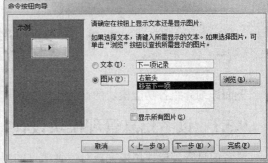

图 9-14 "命令按钮向导"对话框（二）

④ 为命令按钮命名，如图 9-15 所示，单击"完成"按钮完成按钮添加。

（5）打开窗体的"属性表"，设置"窗体"的"记录选择器"属性为"否"，"导航按钮"属性为"是"，保存窗体。预览窗体最终效果并验证功能，如图 9-16 所示。

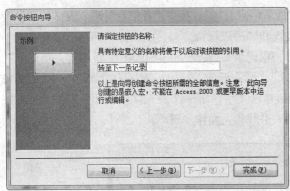

图 9-15 "命令按钮向导"对话框（三）

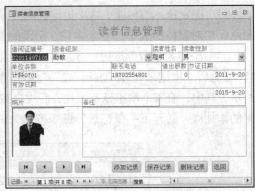

图 9-16 "读者信息管理"窗体预览图

9.3.2 图书信息管理模块设计

图书信息管理模块用来完成对图书信息的浏览、添加、修改、删除等操作。为了实现相应功能，我们需创建"图书信息管理"窗体。为了能查看图书的主要信息，在该窗体中还设置了"预览报表"和"打印报表"两个命令按钮，以调用"图书报表显示"模块的功能，实现图书报表的预览和打印两个功能。

创建"图书信息管理"窗体的具体操作步骤如下。

（1）选择"创建"选项卡上的"窗体"组中的"窗体向导"按钮，打开窗体向导设计界面。在"表/查询"栏中选择"表：图书表"项，并将其中要用到的字段全部添加到"选定的字段"中。

（2）单击"下一步"按钮，在打开的窗口中选择窗体布局为"两端对齐"。

（3）单击"下一步"按钮，在打开的窗口中选择窗体样式为"标准"。

（4）确定窗体的标题。这里指定标题为"图书信息管理"。在"图书信息管理"窗体的"设计视图"中对窗体的大小、各个标签、字段的位置和顺序进行调整，

（5）添加 8 个命令按钮，分别为"转至第一项记录""转至下一项记录""转至前一项记录""转至最后一项记录""添加新记录""保存记录""删除记录"和"返回"，再添加"预览报表"和"打印报表"两个按钮，如图 9-17 所示。下面以添加"预览报表"命令按钮的操作步骤为例说明。

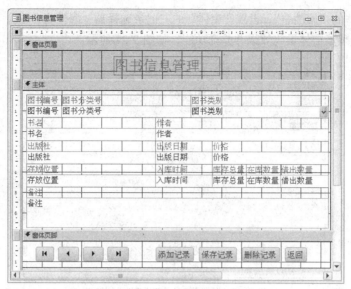

图 9-17 "图书信息管理"窗体

① 单击"设计"选项卡上的"控件"组中的"按钮"按钮，然后将光标移至窗体设计视图界面中要添加该命令按钮的地方，再单击鼠标左键进行命令按钮的添加。

② 在弹出的"命令按钮向导"窗口中选择该按钮所要执行的命令或其该具备的功能，如图 9-18 所示。

③ 选择该命令按钮将要预览的报表，如图 9-19 所示。

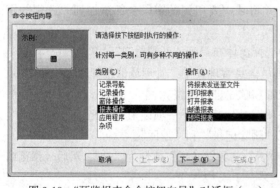

图 9-18 "预览报表命令按钮向导"对话框（一）

图 9-19 "预览报表命令按钮向导"对话框（二）

④ 选择按钮的显示类型为"图片"，如图 9-20 所示，单击"完成"按钮即可完成按钮添加。

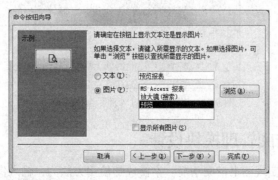

图 9-20 "预览报表命令按钮向导"对话框（三）

（6）打开窗体的"属性表"，设置"窗体"的"记录选择器"属性为"否"，"导航按钮"属性为"是"。然后，预览窗体最终效果并验证功能，如图9-21所示。

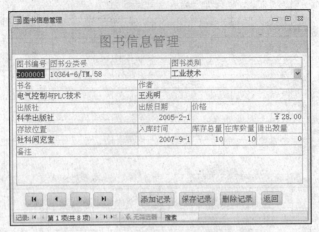

图9-21 "图书信息管理"窗体预览图

9.3.3 管理员信息管理模块设计

管理员信息管理模块用来完成对管理员信息的浏览、添加、修改、删除等操作。为了实现相应功能，我们需创建"管理员信息管理"窗体，具体操作步骤如下。

（1）单击"创建"选项卡上的"窗体"组中的"窗体向导"按钮，打开窗体向导设计界面。在"表/查询"栏中选择"表：管理员表"项，并将其中要用到的字段全部添加到"选定的字段"中。

（2）单击"下一步"按钮，在打开的窗口中选择窗体布局为"两端对齐"。

（3）确定窗体的标题。这里指定标题为"管理员信息管理"。在"管理员信息管理"窗体的"设计视图"中对窗体的大小、各个标签、字段的位置和顺序进行调整。

（4）添加8个命令按钮，分别为"转至第一项记录""转至下一项记录""转至前一项记录""转至最后一项记录""添加新记录""保存记录""删除记录"和"返回"。

（5）设置"窗体"的"记录选择器"属性为"否"，"导航按钮"属性为"是"。然后，预览窗体最终效果并验证功能，如图9-22所示。

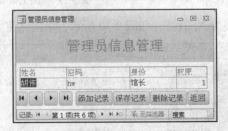

图9-22 "管理员信息管理"窗体预览图

9.3.4 图书借阅管理模块设计

图书借阅管理模块实现图书借阅功能。本模块的使用方法为：输入借阅证编号，并在验证该借阅证编号正确、有效后，显示读者信息；输入图书编号，并在验证该图书编号正确后，显示在库图书的相关信息；如在库数量不为零，且借阅者限借册数未满，单击"借阅"按钮实现图书借阅，并将"图书表"中的"在库数量"自动减 1、"借出数量"自动加 1，"读者表"中的"借出册数"自动加 1。

　　为了实现相应功能，我们需设计"借阅管理"窗体，如图 9-23 所示。

图 9-23　"借阅管理"窗体预览图

　　创建图书借阅管理模块的具体操作步骤如下。

　　（1）创建"借阅管理"窗体，具体操作步骤如下。

　　① 在"设计视图"中新建一个窗体，并命名为"借阅管理"。

　　② 窗体上添加一个标签"借"，字号设置为 72，前景色设置为"#0000FF"。

　　③ 添加两个文本框和两个"确定"按钮，其中，接收借阅证编号的文本框的名称为"借阅证编号"，对应的"确定"按钮的名称为"jyzbhcx"；接收图书编号的文本框的名称为"图书编号"，对应的"确定"按钮的名称为"tsbhcx"。

　　④ 添加两个按钮"借阅"和"关闭"，其中"关闭"按钮使用控件向导建立，按钮的类别和操作为"窗体操作"和"关闭窗体"，文本为"关闭"。

　　⑤ 设置"窗体"的"记录选择器"和"导航按钮"属性为否。

　　（2）创建子窗体中的关联窗体

　　① 新建"读者表"窗体。利用窗体向导创建一个纵栏式窗体，数据源为"读者表"的"借阅证编号""读者级别""读者姓名""读者性别""单位名称""借出册数""照片"字段，和"读者级别表"的"限借册数"字段，调整字段的位置和大小，设置"窗体"的"记录选择器"和"导航按钮"属性为"否"，取消窗体页眉和窗体页脚的显示。"读者表"的"窗体设计视图"如图 9-24 所示。修改窗体的数据源为如下的 SQL 语句。

```
SELECT 读者表.借阅证编号, 读者表.读者级别, 读者表.读者姓名, 读者表.读者性别, 读者表.单位名
称, 读者级别表.限借册数, 读者表.借出册数, 读者表.照片
FROM 读者级别表 INNER JOIN 读者表 ON 读者级别表.读者级别 = 读者表.读者级别
WHERE (读者表.借阅证编号) Like [Forms]![借阅管理]![借阅证编号] & "*";
```

图 9-24 "读者表"的"窗体设计视图"

② 新建"图书表"窗体。利用窗体向导创建一个数据源为"图书表"的两端对齐式窗体，设置"窗体"的"记录选择器"属性为"否"，"导航按钮"属性为"是"，取消窗体页眉和窗体页脚的显示。"图书表"窗体的设计视图如图 9-25 所示。修改窗体的数据源为如下的 SQL 语句。

```
SELECT *
FROM 图书表
WHERE (图书表.图书编号) Like [Forms]![借阅管理]![图书编号] & "*";
```

图 9-25 "图书表"的"窗体设计视图"

（3）创建子窗体

在"借阅管理"窗体中，添加"读者窗体"和"图书窗体"两个子窗体，源对象分别是"读者表"窗体和"图书表"窗体，对应标签的标题为"读者信息"和"图书信息"，调整两个子窗体大小到合适尺寸。

（4）实现读者信息和图书信息的查询

在图 9-23 中，输入借阅证编号后，单击相应的"确定"按钮，在"读者窗体"子窗体中显示该读者的信息；输入图书编号后，单击相应的"确定"按钮，在"图书窗体"子窗体中显示该图书的信息。

实现上述功能的具体操作步骤如下。

① 创建"重新查询读者信息"宏，如图 9-26 所示。

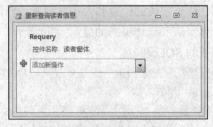

图 9-26 "重新查询读者信息"宏

② 创建"重新查询图书信息"宏，如图 9-27 所示。

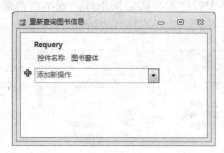

图 9-27　"重新查询图书信息"宏

③ 在"借阅管理"窗体的"属性表"窗口中设置按钮"jyzbhcx"的单击事件为"重新查询读者信息"宏，如图 9-28 所示。设置按钮"tsbhcx"的单击事件为"重新查询图书信息"宏，如图 9-29 所示。

图 9-28　设置按钮"jyzbhcx"的单击事件　　图 9-29　设置按钮"tsbhcx"的单击事件

（5）创建"借书更新"和"借书追加"查询

在图 9-23 中单击"借阅"按钮后，要实现图书借阅，需要在"图书借阅表"中追加一条借阅记录，并且更新借出图书的在库数量和借出数量，同时更新读者的借出册数。追加借阅记录使用"借书追加"查询实现，更新借出图书的在库数量、借出数量和读者的借出册数使用"借书更新"查询实现。

① 建立"借书更新"查询。具体操作步骤如下。

a. 在"设计视图"中创建查询，并添加"读者表""图书表"和"图书借阅表"。

b. 将"图书表"中的"图书编号""借出数量""在库数量"字段，"读者表"中的"借阅证编号""借出册数"字段，"图书借阅表"中的"还书日期"字段添加进来，并将查询类型设置为"更新"。

c. 对各个字段的更新值进行设置。如图 9-30 所示，"在库数量""借出数量"和"借出册数"3 个字段的"更新到"一栏中的值表示当借书操作使得某本图书被借出时，相应数据表中的原数据应该根据条件更新为新数据。设置"在库数量""借出数量"和"借出册数"3 个字段的"更新到"一栏中的值分别为"图书表!在库数量-1"、"图书表!借出数量+1"、"读者表!借出册数+1"。

d. 对更新条件进行设置：将"在库数量"的"条件"栏设置为">0"，表示只有当该书有库存的情况下才能借出；将"借出数量"的"条件"栏设置为"<[图书表]![库存总量]"，表示若借出数量大于等于库存总数，则数据无法更新，因为图书已无库存，无法借出；将"还书日期"的"条件"栏设置为"Is Null"，表示更新的是尚未归还的记录；字段"借阅证编号"

和"图书编号"的约束条件"[Forms]![借阅管理]![借阅证编号]"和"[Forms]![借阅管理]![图书编号]"是查询与借阅窗体中控件的功能链接条件，表示更新操作更新的是刚刚生成的借阅记录。

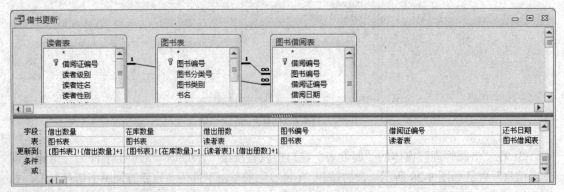

图 9-30 "借书更新"的"查询设计视图"

e. 保存该更新查询为"借书更新"。

② 建立"借书追加"查询。具体操作步骤如下。

a. 在"设计视图"中创建查询，并添加"读者表""读者级别表""图书表"和"图书借阅表"。

b. 将查询类型更改为"追加"，并设置追加到的表名称为"图书借阅表"。

c. 对所需追加记录的字段值进行设置。追加查询与更新查询不太一样，前者的工作原理是将"字段"中的表达式数值追加到相应的数据表字段中。我们设置"追加到"栏中的字段分别为"借阅日期""图书编号""借阅证编号"，设置"字段"一栏中的值分别是"Date()""[Forms]![借阅管理]![图书编号]""[Forms]![借阅管理]![借阅证编号]"，设置图书表的"在库数量"字段的"条件"为">0"、图书表的"图书编号"字段的"条件"设置为"[Forms]![借阅管理]![图书编号]"、读者表的"借出册数"字段的"条件"设置为"<[读者级别表]![限借册数]"，如图 9-31 所示。

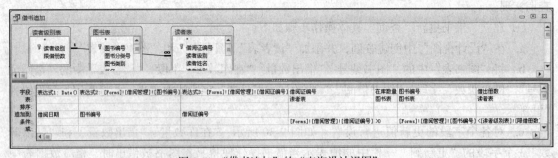

图 9-31 "借书追加"的"查询设计视图"

d. 保存该查询为"借书追加"。

（6）"借阅"按钮功能的实现

① 创建"借阅操作"宏。在操作项中选择"OpenQuery"，再在"操作参数"中的查询名称分别为"借书追加"和"借书更新"，然后保存为"借阅操作"，如图 9-32 所示。

② 在"借阅管理"窗体的"属性表"窗口中设置"借阅"按钮的单击事件为"借阅操作"宏。

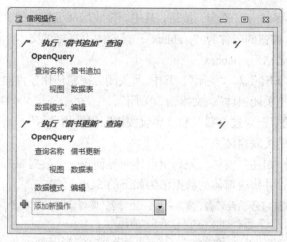

图 9-32　"借阅操作"的"宏设计视图"

9.3.5　图书归还管理模块设计

图书归还管理模块实现图书归还功能。本模块的使用方法为：输入借阅证编号，并在验证借阅证编号正确、有效后，显示读者信息并显示所借图书信息；输入图书编号，并在验证图书编号正确后，显示图书的相关信息；单击"归还"实现图书归还，并实现图书在库数量、借出数量、读者的借出册数的自动更新。为实现相应功能，我们需要设计"归还管理"窗体，如图 9-33 所示。

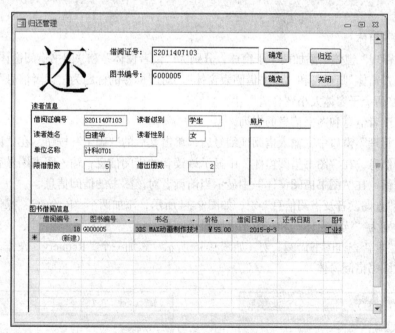

图 9-33　"归还管理"窗体预览图

设计"归还管理"窗体的具体操作步骤如下。

（1）创建"归还管理"窗体

① 在"设计视图"中新建一个窗体，并命名为"归还管理"。

② 窗体上添加一个标签"还"，字号设置为 72，前景色设置为"#0000FF"。

③ 添加两个文本框和两个"确定"按钮，其中，接收借阅证编号的文本框的名称为"借阅证编号"，相应的"确定"按钮的名称为"jyzbhcx"；接收图书编号的文本框的名称为"图书编号"，相应的"确定"按钮的名称为"tsbhcx"。

④ 添加两个按钮"归还"和"关闭"，其中，"关闭"按钮使用控件向导建立，按钮的类别和操作为"窗体操作"和"关闭窗体"，文本为"关闭"。

⑤ 设置"窗体"的"记录选择器"和"导航按钮"属性为"否"。

（2）创建子窗体中的关联窗体

① 新建"读者窗体_归还"窗体。先利用窗体向导创建一个数据源为"读者表"的纵栏式窗体，再调整字段的位置，并修改窗体的数据源为如下的 SQL 语句。

```
SELECT 读者表.借阅证编号, 读者表.读者级别, 读者表.读者姓名, 读者表.读者性别, 读者表.单位名称, 读者级别表.限借册数, 读者表.借出册数, 读者表.照片
FROM 读者级别表 INNER JOIN 读者表 ON 读者级别表.读者级别 = 读者表.读者级别
WHERE (读者表.借阅证编号) Like [Forms]![归还管理]![借阅证编号] & "*";
```

② 新建"图书借阅表窗体"。先利用窗体向导创建一个表格式窗体，然后将"图书借阅表"和"图书表"中的相关字段添加进来，再调整字段的位置，并修改窗体的数据源为如下的 SQL 语句。

```
SELECT 图书借阅表.借阅编号, 图书表.图书编号, 图书表.书名, 图书表.图书分类号, 图书表.价格, 图书借阅表.借阅日期, 图书借阅表.还书日期, 图书表.图书类别, 图书表.作者, 图书表.在库数量, 图书借阅表.借阅证编号
FROM 图书表 INNER JOIN 图书借阅表 ON 图书表.图书编号 = 图书借阅表.图书编号
WHERE (图书表.图书编号) Like [Forms]![归还管理]![图书编号] & '*') AND ((图书借阅表.还书日期) Is Null) AND ((图书借阅表.借阅证编号)=[Forms]![归还管理]![借阅证编号]));
```

（3）创建子窗体

在"归还管理"窗体中添加两个子窗体，分别为"读者窗体"和"图书借阅窗体"，源对象分别指定为"读者窗体_归还"和"图书借阅表窗体"，对应标签的标题为"读者信息"和"图书借阅信息"，调整两个子窗体大小到合适尺寸。

（4）实现读者信息和图书信息的查询

在"还书管理"窗口中，输入借阅证编号后，单击其后的"确定"按钮，在"读者窗体"中显示该读者的信息，在"图书借阅窗体"中显示该读者的借阅信息；输入图书编号后，单击其后的"确定"按钮，在"图书借阅窗体"中显示当前读者对该图书的借阅信息。

① 创建"查询读者及借阅信息"宏，如图 9-34 所示，添加两个"Requery"操作，设置它们的控件名称分别为"读者窗体"和"图书借阅窗体"。

② 创建"重新查询图书借阅"宏，如图 9-35 所示，添加一个"Requery"操作，设置它们的控件名称为"图书借阅窗体"。

图 9-34 "查询读者及借阅信息"宏

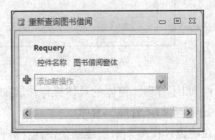

图 9-35 "重新查询图书借阅"宏

③ 设置按钮"jyzbhcx"的单击事件为"查询读者及借阅信息"宏，设置按钮"tsbhcx"的单击事件为"重新查询图书借阅"宏。

（5）创建"还书更新"查询

在"还书管理"窗口中单击"归还"按钮后，要实现图书归还，需将"图书借阅表"中的还书日期设置为当前日期，并且更新借出图书的在库数量、借出数量、读者的借出册数。这需要使用"还书更新"查询实现。建立"还书更新"查询的具体步骤如下。

① 在"设计视图"中创建查询，并添加"读者表""图书表"和"图书借阅表"。

② 将"图书表"中的"图书编号""借出数量""在库数量"字段，"读者表"中的"借阅证编号""借出册数"字段，"图书借阅表"中的"还书日期"字段添加进来，并将查询类型设置为"更新"。

③ 对各个字段的更新值进行设置。设置"在库数量""借出数量""借出册数"和"还书日期"4 个字段的"更新到"一栏中的值分别为"图书表!在库数量+1""图书表!借出数量-1""读者表!借出册数-1""Date()"，如图 9-36 所示。

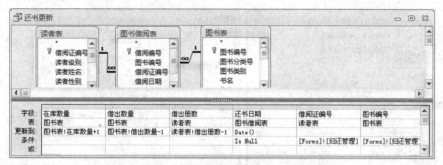

图 9-36　"还书更新"的"查询设计视图"

④ 对更新条件进行设置：将字段"还书日期"的"条件"设置为"Is Null"，表示更新的是未还的借阅图书信息；将字段"借阅证编号"和"图书编号"的条件分别设置为"[Forms]![归还管理]![借阅证编号]"和"[Forms]![归还管理]![图书编号]"，表示更新操作更新的是当前指定读者指定图书的借阅记录、图书信息和读者信息。

⑤ 保存该更新查询为"还书更新"。

（6）"归还"按钮功能的实现

① 创建"归还操作"宏，添加 3 个操作，分别为"OpenQuery""Requery""Requery"，设置"OpenQuery"的"查询名称"属性为"还书更新"，设置第一个"Requery"的"控件名称"属性为"图书借阅窗体"，第二个"Requery"的"控件名称"属性为"读者窗体"，如图 9-37 所示。

图 9-37　"归还操作"宏

② 设置"归还"按钮的单击事件为"归还操作"宏。

9.3.6 图书报表显示模块设计

建立一个数据库的主要目的就是用来分类、管理大量的数据。建立报表的目的是为了以纸张的形式保存或输出信息。为了实现对图书信息的分类管理，需建立一个相应的"图书报表"，并在其中显示各类图书的明细信息。这可以直接使用系统提供的"报表向导"来完成，具体操作步骤如下。

（1）选择"创建"选项卡上的"报表"组的"报表向导"按钮，打开报表向导，如图 9-38 所示，在"表/查询"中选择"表：图书表"，并把全部字段添加到"选定的字段"。

（2）添加分组选项为"图书类别"，并在"分组选项"里设置"分组间隔"为"普通"，如图 9-39 所示。

图 9-38 "报表向导"对话框（一）　　　　图 9-39 "报表向导"对话框（二）

（3）选择排序字段为"图书编号"，如图 9-40 所示，单击"下一步"，确定报表的布局方式。由于显示字段较多，选择"布局"为"大纲"，选择"方向"为"横向"，并选中"调整字段宽度使所有字段都能显示在一页中"选项，如图 9-41 所示。

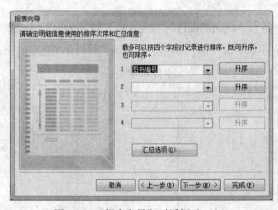
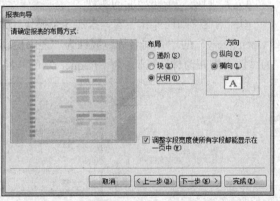

图 9-40 "报表向导"对话框（三）　　　　图 9-41 "报表向导"对话框（四）

（4）为报表指定标题为"图书报表"，选择"修改报表设计"项并完成创建。在打开的"设计视图"窗口中对报表做相应的微调并保存。最终报表预览如图 9-42 所示。

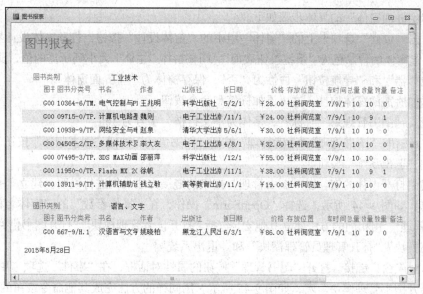

图 9-42　"图书报表"预览图

9.4　集成数据库系统

开发数据库应用系统需要将表、查询、窗体、报表等对象结合在一起综合应用。通过 Access 提供的设计器和向导等工具，可以很轻松地创建表、查询、报表、页、宏等对象。最后，通过创建主窗体，将所建立的各个数据库对象集成在一起，形成一个完整的数据库应用系统。

9.4.1　"主界面窗体"设计

"主界面窗体"的功能是实现与其他窗体的链接。系统用户可以根据自己的需要，单击相应的按钮选择操作。该"图书管理系统"主要包括图书管理、读者管理、图书借阅、图书归还、管理员管理等五大部分。为了实现五大部分的链接，需设计相应的"主界面窗体"。如图 9-43 所示，用户通过单击窗体上的命令按钮，实现链接相应窗体的功能。

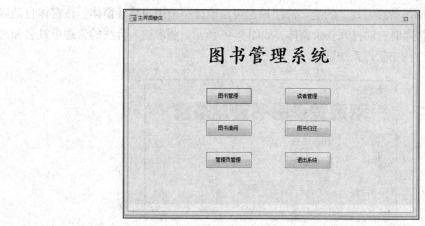

图 9-43　"主界面窗体"预览图

创建"主界面窗体"的具体步骤如下。

（1）单击"创建"选项卡上的"窗体"组中的"窗体设计"按钮，打开窗体设计界面。

（2）设置窗体的背景色为"系统按钮表面"，调整窗体"主体"大小到所需的值，设置"窗体"的"记录选择器"和"导航按钮"属性为"否"，保存窗体为"主界面窗体"。

（3）添加所需的窗体控件。这里添加标签和命令按钮。

① 标签："图书管理系统"标签，字体为华文行楷，字号为36。

② 命令按钮："图书管理""读者管理"按钮"图书借阅"按钮"图书归还"按钮"管理员管理"按钮和"退出系统"按钮。

（4）建立打开窗体的宏。以"图书管理"按钮的链接方法为例进行说明。建立"打开图书管理模块"宏，如图 9-44 所示，选择"OpenForm"操作，在"操作参数"的"窗体名称"中选择"图书信息管理"。用相同的方法建立其他宏，包括"打开读者管理模块""打开图书借阅模块""打开图书归还模块""打开管理员管理模块"和"退出系统"。

（5）与对应窗口链接。打开"图书管理"按钮的属性对话框，在"事件"选项卡中的"单击"处选择"打开图书管理模块"宏，如图 9-45 所示。用同样的方法完成其他命令按钮的链接。

图 9-44 "打开图书管理模块"宏设置窗口　　　　图 9-45 "命令按钮"链接窗口

（6）所有按钮控件的事件设置完成后，保存窗体设计。

9.4.2 登录窗体设计

为了确保登录"图书管理系统"的是合法用户，可以设计一个用户登录窗体。该窗体自动启动，即每次在打开数据库时自动打开登录窗体，如图 9-46 所示。要求输入合法的管理员姓名和密码后，用户才能登录"图书管理系统"。

图 9-46 "登录窗体"预览图

创建登录窗体的具体步骤如下。

（1）创建"登录窗体查询"

该查询的功能是根据"登录窗体"提供的管理员姓名，从"管理员表"中提取满足条件的记录生成查询对象。查询对象中仅包含"姓名"和"密码"字段。

建立上述查询的过程如下。

① 在"图书管理系统"数据库中，使用向导创建查询，指定"管理员表"中的"姓名""密码"字段作为查询中使用的字段，并进入"查询设计视图"。

② 设置"姓名"字段的"条件"属性为"[Forms]![登录窗体]![glyxm]"，其中，"glyxm"为"登录窗体"上的未绑定文本框控件，用于接收用户输入的管理员姓名。

③ 保存查询并命名为"登录窗体查询"，如图 9-47 所示。

图 9-47　"登录窗体查询"的设置

（2）创建登录宏

该宏用来验证密码，若通过验证，则关闭"登录窗体"，并打开"主界面窗体"。建立登录宏的过程如下。

① 在"图书管理系统"数据库中，新建一个宏。

② 在宏窗口中添加"条件"列。

③ 添加操作"Close"，设置其"条件"属性为"[mm]=[密码]"，设置"操作参数"中的"对象类型"为"窗体"，设置"对象名称"为"登录窗体"。

④ 添加操作"OpenForm"，设置"操作参数"中的"对象名称"为"主界面窗体"。

⑤ 保存宏并命名为"登录宏"，如图 9-48 所示。

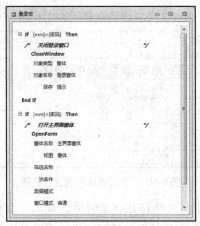

图 9-48　"登录宏"的设置

（3）创建"登录窗体"

"登录窗体"是整个系统的入口。只有通过了"登录窗体"的身份验证，才能进入系统主界面。建立"登录窗体"的过程如下。

① 使用窗体向导创建一个纵栏式窗体，记录源为"登录窗体查询"。将"姓名"和"密码"字段添加到窗体中，生成两个与字段同名的绑定型文本框控件及其附属标签。

② 在窗体上添加一个标签"欢迎登录图书管理系统"，将字体设置为华文琥珀，字号为36，前景色为"#FF00FF"，将窗体命名为"登录窗体"。

③ 打开窗体"设计视图"，清空"姓名"文本框的"控件来源"属性，使其成为非绑定型文本框，并将该控件的"名称"属性改为"glyxm"，用来接收用户输入值，为"登录窗体查询"的条件参数提供依据。

④ 为了使窗体能自动根据"glyxm"文本框的值查询出对应的密码，需要建立一个"重新查询用户信息"宏，如图9-49所示。

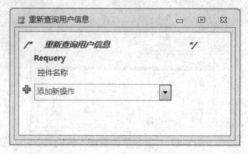

图9-49 "重新查询用户信息"宏

⑤ 打开"glyxm"文本框的"属性"窗口，设置"更新后"事件为"重新查询用户信息"宏。

⑥ 为了能不写代码就实现密码验证功能，需保留由窗体向导生成的"密码"文本框。它与"登录窗体查询"绑定，是原始的用户密码。将"密码"文本框移到其他位置，设置其"可见"属性为"否"，并删除其附属标签。然后，在"glyxm"文本框下面新建一个文本框，命名为"mm"，设置其"输入掩码"属性为"密码"，并将文本框所带标签控件的标题改为"密码"。

⑦ 在窗体上添加"登录"和"退出"两个命令按钮，并利用控件向导使"登录"按钮产生的动作为"杂项"→"运行宏"，并确定要运行的宏为"登录宏"，然后使"退出"按钮产生的动作为"应用程序"→"退出应用程序"。

⑧ 调整各控件的外观及布局，并保存窗体。窗体的"设计视图"如图9-50所示。

图9-50 "登录窗体"的设计视图

⑨ 设置每次在打开数据库时自动打开登录窗体。选择"文件"→"选项"→"当前数据库"→"应用程序选项"→"显示窗体"→选择自己要启动的窗体名称，如图9-51所示。

图 9-51　"启动"对话框的设置

⑩ 单击"确定"按钮后，每次打开"图书管理系统"数据库时，系统自动打开"登录窗体"的运行界面。

小　　结

本章以"图书管理系统"这个简单系统的设计为例，介绍了开发一个完整的数据库应用系统的一般过程。为了方便非计算机专业人员利用 Access 开发适用于本专业领域的数据库应用系统，本实例尽量回避了 VBA 编程部分，主要利用 Access 常用的表、查询、窗体、报表和宏等常用对象来实现各种功能。

本实例仅涉及一个系统，还需要进行很多补充和完善，如一些操作窗体的输入错误检查、数据的多种方式查询以及各种数据的报表等。用户可根据实际需要增加相应功能，并结合编程技术，开发出实际可用的数据库应用系统。

习 题 1

一、单项选择题

1	2	3	4	5	6	7	8
D	A	D	C	D	A	B	B

二、填空题

1. 数据库、数据库管理系统、开发工具、应用系统、数据库管理员
2. 一对一、一对多、多对多
3. 层次模型、网状模型、关系模型
4. 差运算
5. 人工管理阶段、文件系统阶段、数据库系统阶段

习 题 2

一、单项选择题

1	2	3	4	5	6	7	8	9	10	11	12	13	14	15
A	A	D	B	B	A	C	A	B	D	B	B	D	D	C

二、填空题

1. 数据记录、字段
2. 字段名称、数据类型
3. 级联更新相关字段、级联删除相关记录
4. accdb
5. 不相邻的多个
6. Ctrl

7. 表或值列表

8. 插入字段、修改字段、移动字段

9. 是/否

10. 冻结

11. ?

12. 表设计视图

13. 主键或索引

14. 表的设计

15. 数据表

习 题 3

一、单项选择题

1	2	3	4
C	B	B	C

二、填空题

1. （1）-(a^2+b^3)*y^4

   （2）(Sin(x+0.5))^2+3*Cos(2*x+4)

   （3）P*Q*(R+1)^2/((R+1)^2-1)

   （4）Abs(3-Exp(x)*Log(1+x))

   （5）x^y

2. （1）(-b+Sqr(b^2-4*a*c))/(2*a)

   （2）(-b-Sqr(b^2-4*a*c))/(2*a)

习 题 4

一、单项选择题

1	2	3	4	5	6	7
C	B	A	A	B	A	D

习 题 5

一、单项选择题

1	2	3	4	5	6
A	D	A	A	B	D

二、填空题

1. 数据表、查询
2. 窗体页眉、窗体页脚、主体
3. 文本框
4. 数据、事件、其他

习 题 6

一、单项选择题

1	2	3	4	5	6	7
A	A	B	A	B	D	D

二、填空题

1. 纵栏式报表、表格式报表、两端对齐式报表、图表报表、标签报表
2. 设计视图、布局视图、报表视图、打印预览
3. 数据表、查询
4. 纵栏式、表格式、两端对齐式
5. 短虚线

习 题 7

一、单项选择题

1	2	3	4	5	6	7	8	9	10
A	A	C	B	D	A	B	D	C	D

二、填空题

1. OpenTable
2. FindNextRecord
3. 条件表达式
4. Beep
5. MaximizeWindow、MinimizeWindow
6. 添加新操作
7. GotoRecord
8. 独立宏、嵌入宏、数据宏
9. AutoExec
10. 退出 Access

习 题 8

一、填空题

1. 计算机硬件故障、软件故障、黑客入侵与病毒感染
2. 数据库备份
3. 数据库文件、数据库对象
4. 压缩和修复